[服装从业者实战丛书]

Illustrator & Photoshop 服装与服饰品设计

李春晓 周志鹏 支广隶 编著

化学工业出版社

·北京·

本书针对制图软件零基础的服装与服饰品设计专业学生以及服装与服饰品相关从业人士进行编写，将最基础的 Photoshop 和 Illustrator 软件相结合，并将重点放在提高电脑操作速度和简化制作步骤上，以"易掌握、快操作、出效果"为编写宗旨。

本书以服装与服饰品设计流程和内容为框架，以与实际生产企业项目对接为特色来展开，改变传统的软件教学与设计教学分离的方式，将软件的各类功能融汇到实际工作中并不断强化，直至完全掌握。

经多年教学检验，学习该教程可快速掌握软件进行服装与服饰品的设计构思表达、款式设计、面辅料设计、色彩搭配等工作，为从事服装与服饰品设计工作打好基础。

图书在版编目（CIP）数据

Illustrator&Photoshop 服装与服饰品设计 / 李春晓，周志鹏，
支广隶编著 .-- 北京：化学工业出版社，2015.4（2022.9 重印）
（服装从业者实战丛书）
ISBN 978-7-122-23364-6

Ⅰ.①I… Ⅱ.①李…②周…③支… Ⅲ.①服装设计 — 计
算机辅助设计 — 图像处理软件②服饰 — 设计 — 计算机辅
助设计 — 图像处理软件 Ⅳ.① TS941.2
中国版本图书馆 CIP 数据核字（2015）第 053750 号

责任编辑：李彦芳　　　　　　　　　　　　装帧设计：知天下
责任校对：王素芹

出版发行：化学工业出版社（北京市东城区青年湖南街 13 号　　邮政编码 100011）
印　　装：涿州市般润文化传播有限公司
787mm×1092mm 1/16　印张 10　字数 220 千字　2022 年 9 月北京第 1 版第 7 次印刷

购书咨询：010-64518888　　　　　　　售后服务：010-64518899
网　　址：http://www.cip.com.cn
凡购买本书，如有缺损质量问题，本社销售中心负责调换。

定　　价：49.00 元　　　　　　　　　　　　版权所有　违者必究

服装设计在广义范畴内包括服装和服饰品设计。对于一个服装及服饰品设计师而言，通常使用手绘方法来实现设计表达。但是目前服装及服饰品品牌企业运营早已全面进入数字化运作阶段。设计师除了使用手绘草图来记录深化设计构思外，设计正稿以及制作技术图均需使用专业软件进行制作。特别是在全球化的趋势下，设计部门可能分布在不同国家，电子设计文件成为沟通交流的高效方式，而掌握基本的设计软件则成为必备技能。

在国内高等教育常规的服装设计课程体系中，电脑软件课程作为辅助课程多安排在基础部，将软件作为通识设计基础内容进行教授。授课教师对于服装及服饰品设计具体涉及的内容了解不够专业，学生在使用软件过程中很难举一反三，最终导致软件课程对专业的辅助作用甚微，学生花费大量时间在电脑制作上而影响到创意实践，甚至电脑辅助设计不能正确表达设计意图的现象。

而一些服装及服饰品相关从业者也迫切需要掌握一定的设计软件技术进行简单的修改意图表达。但是一方面，软件开发公司提供的软件培训过于偏重软件本身，而非实践需求；另一方面，常规服装软件教程十分复杂，设计者很难通过自学掌握。

本服装设计软件实训教程针对软件零基础的学生以及服装相关行业人士，将最基础的 Photoshop 和 Illustrator 软件相结合，以服装与服饰品设计流程和内容为框架，由具备十年以上服务企业设计经验的教师编写。旨在引导传统的教学模式向企业项目式特色教学模式转变，教程内容为企业运作实操内容，并将重点放在提高电脑操作速度和简化制作步骤上，做到"易掌握、快操作、出效果"。利用该系统可快速掌握软件进行服装款式设计、服装色彩设计、服装面料设计、设计管理等工作，为从事服装与服饰品设计工作打好基础。

本教程为上海工程技术大学课程建设项目（A-0601-13-01130-K201212001）及上海市教委科创项目（B-8901-12-0115-13YS100）的资助成果，其中案例为笔者及上海工程技术大学中法埃菲时装设计师学院、中国美术学院学生的作品，特此感谢！

编著者

2015.3

目录

第一章
软件概述

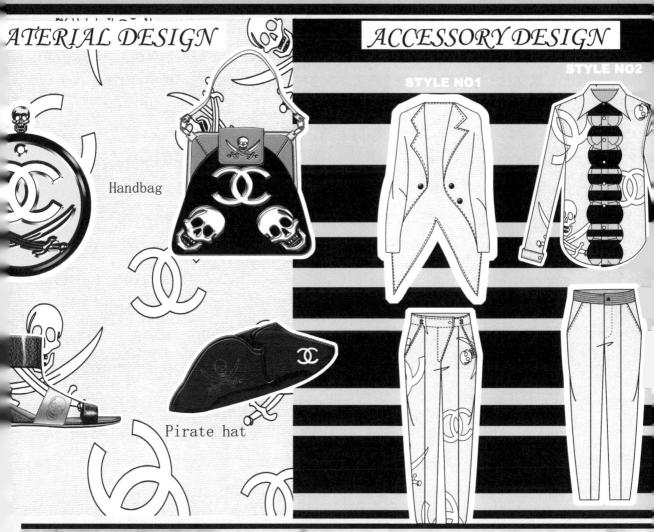

ATERIAL DESIGN

ACCESSORY DESIGN

STYLE NO1

STYLE NO2

Handbag

Pirate hat

第一节
基础软件界面及功能

一、软件介绍

Photoshop（以下简称 PS）是专业的图像（位图）处理软件，主要用于图像的处理与合成，可以输出 psd、jpg、tif 等位图格式图像，输出图像的清晰度取决于新建图像的尺寸和分辨率。本书将使用 Photoshop CS6 制作服装与服饰品提案、服装与服饰品效果图、设计图展示排版等。

Illustrator（以下简称 AI）是专业的图形（矢量）制作软件，广泛应用于标志、包装、画册、插画设计等工作。Illustrator 可以输出位图图像，也能输出 Ai、EPS 等矢量格式文件。矢量格式文件始终具有高质量的精度，并且可以编辑。由 Illustrator 产生的位图图像，理论上可以以任意分辨率和尺寸进行输出，并保证高品质。本书的部分实例将使用 Illustrator 绘制服饰设计线稿或款式图。

二、界面与功能

PS 与 AI 在界面上具有相似性，操作思路基本相同。其默认的界面窗口可分为主菜单、属性栏（浮动面板）、工具箱、状态栏、控制面板（选项栏）和文档窗口等几部分（图 1–1、图 1–2）。

图 1-1　Photoshop 工作区

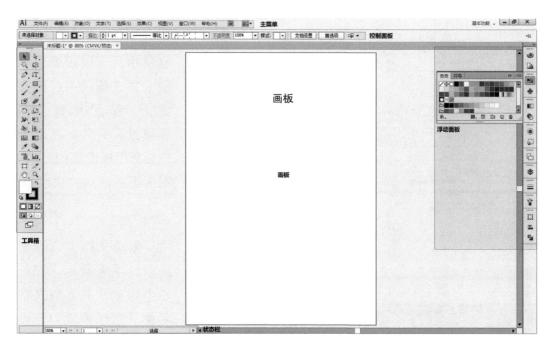

图 1-2　Illustrator 工作区

　　为了获得较大的空间来显示图像，在作图过程中可以通过使用"Tab"键来隐藏或显示属性栏、工具箱和控制面板；使用"F"字母键更改屏幕模式，进一步隐藏（或显示）主菜单、状态栏和标题栏等。

1. 文档窗口

　　图像窗口是制作图像的主要工作区域，图形的绘制和图像的处理都是在该区域中进行。PhotoshopCS6 和 IllustratorCS6 默认以选项卡方式同时打开多个图像窗口，每新建或打开一个图像文件，工作区中就会增加一个图像窗口标签，通过选择不同标签切换图像文档。

　　以 PS 为例（AI 与此大致相同），选择"【窗口】> 排列 >"使所有内容在窗口中浮动，可以将选项卡方式视图更改为传统的浮动窗口。另外，也可以直接用鼠标左键将某一文档标签拖出，将该窗口浮动。通过鼠标左键，还可以拖动文档的标题栏将两个以上的文档停放（合并）在一个窗口组中（图 1-3）。

图 1-3　窗口浮动及停放

图 1-4　首选项面板

图 1-5　Photoshop 默认界面主题

图 1-6　标题栏

选择"【编辑】>首选项 >"界面，在弹出的窗口中，可以设置"以选项卡方式新建或打开文档窗口""浮动文档窗口停放"等属性。另外，界面主题也在此面板设置（图 1-4、图 1-5）。

2. 标题栏

无论文档窗口浮动还是以选项卡显示，在标题栏中均显示有当前文档的名称、颜色模式以及视图百分比，方便使用者快速获取该文档的基本信息。标题栏右侧有三个按钮，分别用于最小化、最大化及退出程序（图 1-6）。

3. 主菜单

主菜单列出了所有的软件操作命令。无论在 PS还是 AI 中，黑色菜单字体表示可执行操作，灰色字体代表当前命令无效。

4. 工具箱

无论是 PS 还是 AI，软件提供的工具箱都集成了各种图形绘制和图像处理工具，而且按照工具的相似性进行了分组，以短横线间隔（图 1-7）。

在工具图标右下角有黑色三角标记的，表示该工具隐含有扩展功能。通过长按鼠标左键可以弹出相关工具组，也可以按下"Alt"键单击工具图标切换同一工具组中的其他工具。

将鼠标悬停在工具图标上方，相应工具一侧会出现文字提示，使用者可以通过提示了解该工具名称（图 1-8）。

PS 和 AI 的工具箱界面十分相似，所列工具也有不少相似或相同。例如两个软件具有相同的文字工具、抓手工具、缩放工具和钢笔路径工具（包括选择工具和直接选择工具等），使用方法基本一致。

5. 属性栏（浮动面板）

属性栏位于软件的右侧区域，是一块可以折叠和展开的面板组，集成了软件操作常用的属性面板。浮动面板可以自由堆叠、编组、删除或增加。

6. 选项栏（控制面板）

在 PS 中，此部分界面称为选项栏，显示工具箱中当前工具的具体参数和设置。与之对应，AI 称之为控制面板，显示当前所选对象的属性。

图 1-7 工具箱

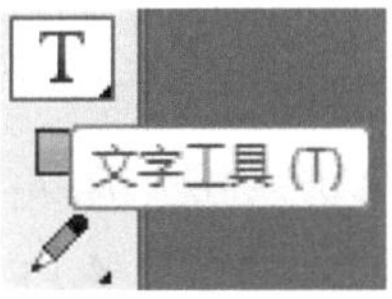

图 1-8 工具图标的气泡提示

第二节
常用工具及快捷键

一、常用工具

1. 选框工具

【选框工具】是 PS 中的几何选区工具，快捷键为"M"。 鼠标左键按下【矩形选框工具】不放，可以扩展出【椭圆选框工具】【单行选框工具】和【单列选框工具】。选择该工具后拖动鼠标左键可以绘制一个矩形或椭圆形的选区。拖动鼠标同时按住"Shift"键可以绘制正方形或正圆形。

矩形选框工具 M
椭圆选框工具 M
单行选框工具
单列选框工具

【单行选框工具】与【单列选框工具】一般用于横向或纵向的线性选框绘制，宽度为 1px（图 1-9）。

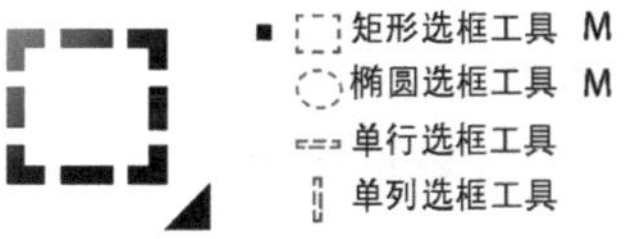

图 1-9 选框工具

2. 移动工具

【移动工具】主要用于选择和移动图像，快捷键为"V"。使用该工具在画面中点击鼠标右键，可以在右键菜单中快速选择需要编辑的图层。按住"Alt"键拖动图像，可以进行快速复制（1-10）。

图 1-10 移动工具

3. 套索工具

【套索工具】是 PS 最常用的选区生成工具，快捷键为"L"。该工具可以按照鼠标的活动路径来制作选区，自由度高，但选择精确度较低。

【多边形套索工具】可以通过添加标记点来制作选区，标记点之间通过直线连接，可控性较强。【磁性套索工具】可以快速选择与背景色彩、明暗对比明显的对象轮廓（图 1-11）。

图 1-11　套索工具

使用【磁性套索工具】制作选区时，可以配合"Ctrl" + "+"、"Ctrl" + "-"放大或缩小画布；按下"Backspace"键，可以依次删除上一步画错的标记点，以保证选区的精确性。

4. 魔棒工具

【魔棒工具】是 PS 的快速抠像工具，快捷键为"W"。在既定的容差范围内，魔棒可以选择色彩或明暗相近的像素区域（图 1-12）。因此，容差值是决定魔棒（图 1-13）选择范围的一项重要参数。

图 1-12　容差值选项

图 1-13　魔棒工具

5. 修复画笔工具

【修复画笔工具】使用时需要首先按下"Alt"键单击选择需要复制像素的区域（样本），然后通过涂抹将需要修改的区域与样本进行像素混合，以达到修复图像的目的（图 1-14）。

图 1-14　修复画笔工具

6. 画笔工具

【画笔工具】是 PS 的绘画工具，快捷键为"B"。单击画笔选项栏的下拉列表，将弹出画笔控制面板，可以通过调节不同的参数（大小、硬度、不透明度等）和选择笔刷类型，表现不同的笔刷效果（图 1-15、图 1-16）。单击弹出面板右上角的扩展菜单，可以将更多的艺术笔触追加到画笔控制面板中。

AI 的【画笔工具】绘制的是自由路径，与 PS 的自由钢笔工具类似。

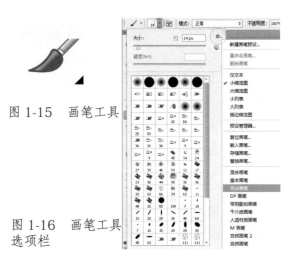

图 1-15　画笔工具

图 1-16　画笔工具
选项栏

使用【魔棒工具】时，同时按下"Shift"键可以在已有选区的基础上加选区，而按下 Alt 键可以减选区。

【魔棒工具】在 Illustrator 中的功能与 Photoshop 中的【魔棒工具】功能类似，快捷键为"Y"。AI 中的【魔棒工具】可以选择在画板中所有属性相同的矢量图形。

7. 仿制图章工具

【仿制图章工具】是快速复制图像的工具，快捷键为"S"。使用时，首先按下"Alt"键并单击鼠标左键选择需复制的图像区域作为样本，然后用左键将样本通过涂抹方式复制到画面其他区域。需要注意的是，仿制图章拥有与画笔相同的属性及笔刷效果，通过设置笔刷可以在复制像素时得到丰富的笔触效果。

【图案图章工具】可以选择在图案库中的图案，对画笔涂抹区域进行像素填充（图 1-17）。

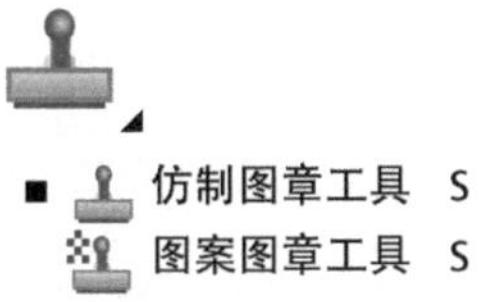

■ 仿制图章工具　S
　图案图章工具　S

图 1-17　仿制图章工具和图案图章工具

8. 橡皮擦工具

【橡皮擦工具】是 PS 中的图像擦除工具，快捷键为"E"。该工具具有与【画笔工具】基本一致的属性，可以选择"透明度""流量"和"笔刷类型"等参数来达到各种不同的擦除效果（图 1-18）。

■ 橡皮擦工具　　　E
　背景橡皮擦工具 E
　魔术橡皮擦工具 E

图 1-18　橡皮擦工具

当前图层为背景层时，【橡皮擦工具】将无法擦除背景层的像素点，其作用相当于画笔，用来涂绘背景色。双击背景层，将其定义为普通图层。这时背景层锁定状态取消，橡皮擦恢复擦除像素功能。当然，使用【背景橡皮擦工具】也可以解决同样的问题。

【背景橡皮擦工具】可以作为简易的背景抠像工具来使用。方法是选择该工具后，按下"Alt"键，光标将临时变为吸管工具，鼠标左键单击需要保留像素的区域作为样本，松开"Alt"键，光标恢复为【背景橡皮擦工具】，然后涂抹背景区域即可擦除背景、保留前景。通过选择该工具选项栏（图 1-19）的取样模式（连续取样、取样一次、取样背景），可以得到不同的取样结果。勾选"保护前景色"选项，可以通过设置前景色确保某色彩不被擦除（图 1-20）。

图 1-19　背景橡皮擦工具选项栏

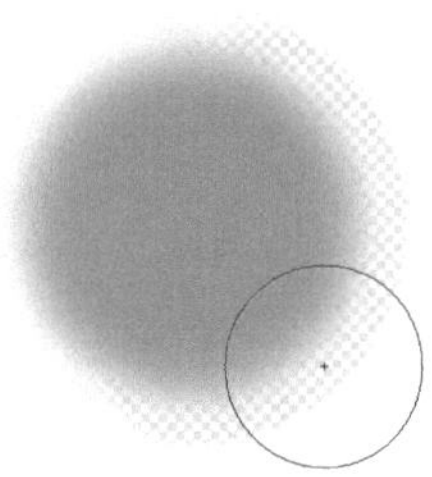

图 1-20　使用背景橡皮擦工具抠像

【魔术橡皮擦工具】可以快速地删除与点击部分相似的色彩，使用方便。

9. 渐变 / 油漆桶工具

【渐变工具】和【油漆桶工具】是用于填充渐变色、单色或图案的工具，快捷键为"G"（图1-21）。选择该工具后，可以在选项栏打开渐变控制面板进行渐变色选择。该面板同样可以在右上角扩展菜单追加更多的渐变类型（图1-22）。单击渐变框可以在渐变编辑器中进行再次编辑。另外，PS提供了线性、径向、角度、对称和菱形多种渐变模式供选择。

【油漆桶工具】可以在该工具选项栏设置填充前景色或图案两种模式（图1-23）。

使用鼠标单击的方式填充时，油漆桶会在容差值范围内工作，因此通常会使用"Alt+Backspace"取代油漆桶以进行快速填充。

图 1-21 渐变工具

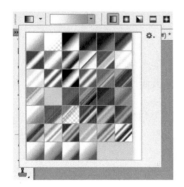

图 1-22 渐变工具选项卡

图 1-23 填充模式

10. 拾色器

在PS的工具箱中，位于下方的两个色块分别代表前景色和背景色，而AI中的两个色块则表示填色和描边。右上角的交换箭头在PS中可互换前景色和背景色，而在AI中则起到互换填色、描边属性的作用（图1-24）。

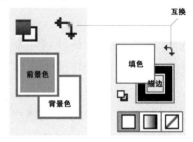

图 1-24　PS中的前景色及背景色窗口和AI中的填色及描边工具

单击PS工具箱中的前（背）景色面板或双击AI工具箱中的填色面板可以弹出拾色器窗口。可以用鼠标在拾色器色盘中选择色彩，也可以通过输入CMYK或RGB数值来设定色彩（图1-25）。

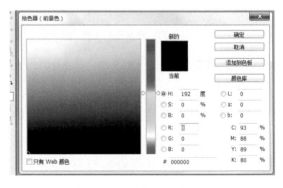

图 1-25　PS拾色器

11. 模糊工具

【模糊工具】可以通过涂抹对图像局部进行模糊处理。【锐化工具】作用与前者相反，可以将图像变得更清晰，一定限度上修正像素模糊的图片；【涂抹工具】

能够局部扭曲像素，制作复杂的纹理效果，是本教程中经常使用到的工具之一（图1-26）。

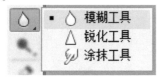

图 1-26　模糊 / 锐化 / 涂抹工具

12. 减淡 / 加深 / 海绵工具

【减淡工具】的使用方法与画笔相同，可以对局部较深的色彩进行逐层减淡。【加深工具】作用与【减淡工具】相反，可以对浅色区域逐层加深。【海绵工具】用于逐渐减少或增加涂抹区域的色彩饱和度（图1-27）。加深和减淡工具在使用时可以在选项栏的范围菜单设置三种工作模式（阴影、中间调和高光）。其中，中间调是默认模式，适用于更改中间色调，在此种模式下加深工具对纯白色无效、减淡工具对纯黑色无效；阴影模式适用于更改暗色区域；高光模式适用于更改亮部区域（图1-28）。

图 1-27　减淡 / 加深 / 海绵工具

图 1-28　范围菜单

13. 文字工具

【文字工具】用于 PS 输入文字，快捷键为"T"。【直排文字工具】为纵向

排列文字，【横排文字工具】为横向排列文字。【横排文字蒙版工具】与【直排文字蒙版工具】使用时会直接生成以文字为轮廓的蒙版区域，可以进行色彩与图片的填充（图1-29）。

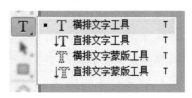

图 1-29　文字工具

无论是 PS 还是 AI，文字工具的使用需要注意以下两种情况。

（1）如果仅输入单个字符、一个词组或一个短句，建议使用鼠标左键单击插入光标的方式输入文字。

（2）如果需要输入一个或多个段落，则建议采用左键拖动，通过文本框输入文字。这样做的好处是便于使用"段落"面板编辑文字段落，无需手动换行。

14. 矩形工具

【矩形工具】是 AI 和 PS 共有的矢量工具（图1-30）。

在 PS 中，矩形工具用于绘制矩形的路径或形状图层（选择矩形工具后，选项栏可以设置形状、路径和像素三种绘图模式，如图1-31所示），快捷键为"U"，按下"Shift"可以绘制正方形路径。

图 1-30　矩形工具

图 1-31　形状模式

扩展工具组中还有【圆角矩形工具】【椭圆工具】【多边形工具】【直线工具】和【自定形状工具】可供选择，使用方法与【矩形工具】相同。

15. 吸管工具

PS 的【吸管工具】（图 1-32）用来吸取颜色样本，而 AI 的【吸管工具】除了吸取颜色，还可以吸取字体、描边、画笔等附加属性。

图 1-32　吸管工具

16. 抓手工具

【抓手工具】是 AI 和 PS 共有的辅助工具之一，使用方法完全一致，用来快速拖动工作区域，快捷键为"H"。当选择【移动工具】时，按下空格键，鼠标箭头将临时变为抓手图标,效果等于【抓手工具】(图1-33)。

图 1-33　抓手工具

17. 缩放工具

【缩放工具】是 AI 和 PS 共有的辅助工具之一，用来缩放画布，快捷键为"Z"。

在属性栏中可以选择放大或者缩小模式。拖动鼠标使用选框方式可以快速地缩放指定区域（图 1-34）。

图 1-34　缩放工具

Photoshop CS6 的缩放工具选项卡的"细微缩放"默认是被勾选状态。在此种状态下，鼠标拖动时将直接以所拖动点为中心进行缩放（图 1-35）。

图 1-35　缩放工具选项卡

18. 钢笔工具

【钢笔工具】是 AI 和 PS 最重要的曲线绘制工具，快捷键为"P"。此工具在两个软件中拥有相同的界面，操作方法一致。所不同的是，PS 在钢笔扩展工具组（图 1-36）中多了一项自由钢笔工具（等同于 AI 中的画笔工具）。

在 AI 中，钢笔用于描绘图形线稿（图 1-37）；在 PS 中，钢笔则常常用于扣除复杂背景的物体对象，因此也是 PS 中一项重要的选区生成工具（图 1-37）。

图 1-36　PS 钢笔工具

图 1-37　AI 钢笔工具

【添加锚点工具】用于在已有路径上增加控制点，【删除锚点工具】用于删除路径上的控制点，【转换点工具】通过选择并拖动已有路径中的锚点，将控制点在角点和平滑点之间进行转换。

使用钢笔工具单击鼠标产生角点，单击并拖动鼠标产生平滑点，并通过拖动调整平滑点上的贝塞尔手柄来调整路径曲线（图1-38）。

贝塞尔手柄

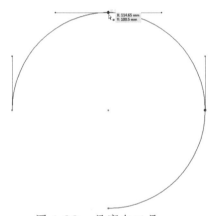

图 1-38　贝塞尔工具

19. 选择工具

【选择工具】用于选择 PS 或 AI 中绘制的路径曲线，快捷键为"V"，用来选择完整路径或图形。按住"Shift"键可以选择多个图形或多条路径（图1-39）。

图 1-39　选择工具

【直接选择工具】主要用于路径中锚点的选择与贝塞尔手柄的调整，快捷键为"A"。

与 PS 不同，AI 中的扩展工具组中还包括【编组选择工具】，该工具可以在不

取消物体编组状态的情况下选择编组中的单个路径，也可以直接选择复合物体中的路径（图1-40）。

图 1-40　直接选择工具（AI）

二、快捷键训练

对于专业设计师而言，如果能够熟练地使用快捷键就可以左右手灵活使用，工作效率将会得到明显提升。默认的快捷键会出现在工具菜单以及工具图标的一侧（图1-41、图1-42）。

图 1-41　工具图标　图 1-42　菜单上的的热键提示　　热键提示

在制图过程中要根据光标的形状判断操作工具状态。通常情况下，光标会根据不同的工具显示不同的形状。需要注意的是，在大写键（Capslock）打开时，PS 的画笔、橡皮擦、加深/减淡、仿制图章等绘画类工具的光标会由圆环形状变为十字形状。如果需要了解此类笔刷的大小，则

应当再次按下大写键（Capslock），以恢复光标正常状态（图1–43）。

关闭　　　　打开

图 1-43　大写键打开和关闭状态下的光标

（一）通用快捷键

（1）新建文档 "Ctrl+N"

（2）打开文档 "Ctrl+O"

（3）保存当前图像 "Ctrl+S"

（4）另存为 "Ctrl+Shift+S"

（5）打印 "Ctrl+P"

（6）还原前一步操作 "Ctrl+Z"

（7）剪切选取内容至剪贴板 "Ctrl+ X"

（8）复制选取内容至剪贴板 "Ctrl+ C"

（9）粘贴剪贴板内容至当前文档 "Ctrl+ V"

（10）删除所选对象 "Del"

（11）选取全部对象 "Ctrl+ A"

（12）复制物体 "Alt+【左键拖动图像或图形】"

（二）PS 快捷键

（1）取消选择 "Ctrl+ D"

（2）创建剪切蒙版 "Ctrl+ Alt+ G"

（3）向下合并图层 "Ctrl+ E"

（4）合并可见图层 "Ctrl+ Shift+ E"

（5）色相 / 饱和度 "Ctrl+ U"

（6）自由变换 "Ctrl+ T"

（7）色阶 "Ctrl+ L"

（8）拖动画布（抓手工具）"空格键"

（9）放大画布 "Ctrl+ +"

（10）缩小画布 "Ctrl+ −"

（11）快速填充前景色 "Alt+ Backspace"

（三）AI 快捷键

（1）选择工具 "V"

（2）直接选择工具 "A"

（3）钢笔工具 "P"

（4）添加锚点 "+"

（5）删除锚点 "−"

（6）转换锚点工具 "Shift+ C"

（7）剪开锚点（剪刀工具）"C"

（8）贴在前面 "Ctrl+ F"

（9）贴在后面 "Ctrl+B"

（10）隐藏参考线 "Ctrl+；"

（11）锁定参考线 "Alt+Ctrl+；"

（12）释放参考线 "Ctrl+Alt+5"

（13）智能参考线 "Ctrl+U"

（14）全部选择 "Ctrl+A"

（15）取消选择 "Ctrl+shift+A"

（16）编组所选物体 "Ctrl+G"

（17）取消所选物体编组 "Ctrl+Shift+G"

（18）锁定所选的物体 "Ctrl+2"

（19）全部解除锁定 "Ctrl+Alt+2"

（20）隐藏所选物体 "Ctrl+3"

（21）显示所有已隐藏的物体 "Ctrl+Alt+3"

（22）建立剪切蒙版 "Ctrl+ 7"

（23）取消剪切蒙版 "Ctrl+ Alt+ 7"

（24）置于顶层 "Ctrl+ shift+]"

（25）前移一层 "Ctrl+]"

（26）置于底层 "Ctrl+ Shift+ ["

（27）后移一层 "Ctrl+ ["

第二章

氛围版制作流程

SAILOR

DESIGNER:SHELLY
NO:122108207

D & G 号

ALLURE the SEAS

tion from the sailer,and the design of classical
brand American sty... ...p rope and
n, combining with pure a... ...sea blue show...
female sailor at... ...pe... ...he dream...
charming breath.

在服装与服饰品设计中，设计师在确定设计主题后，需要制作设计灵感氛围版（Mood Board）。氛围版是设计师使用以关键文字和各种具有表现力的图片来解释主题概念的一种常用的传达工具。内容包括设计的主题名称、关键词汇、主题故事、印象图片及色彩版。它是设计中灵感来源的产生地，所有瞬间灵感都被记录其中。

氛围版图片的来源途径有很多，设计师把收集的相关图片分类归纳，并按照设计构思的主次关系精心排版以便拓展思维，碰撞出更多的灵感。图片可以涉及抽象的感觉也可以是比较具体的灵感图片、材料肌理图片或者产品细节图片。

设计师最初通常采用手工剪贴的方式来制作氛围版面，设计部门分布在世界各地的品牌甚至邮寄氛围版进行头脑风暴。但是随着网络科技的进步，跨空间进行设计交流已经十分便利；其前提是氛围版必须以电子文件格式进行传输，同时也方便修改和存储。这就要求设计师需要使用计算机软件来完成氛围版的制作。

以图 2-1 为例来学习制作氛围版的基本软件和相应工具。

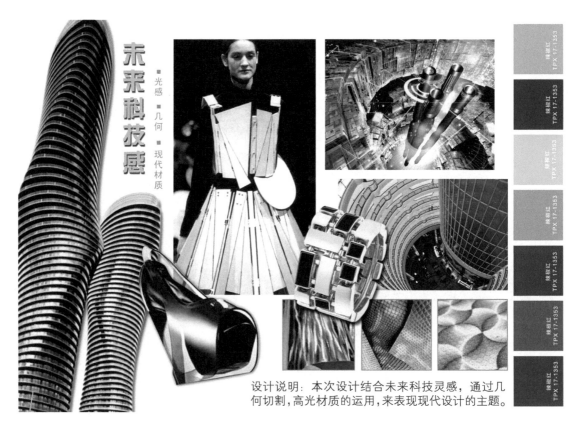

设计说明：本次设计结合未来科技灵感，通过几何切割，高光材质的运用，来表现现代设计的主题。

图 2-1　氛围版

第一节
设计素材采集与处理

氛围版是具有鲜明主题、凸显设计意图的图像集合。所以设计师在图片选择上必须贴合主题，在构思阶段将合适的图片收集保存下来以辅助设计。获取图片的途径有很多，主要有网络、图库、杂志、摄影等方式，不同的途径有不同的收集要求和注意点。

一、网络资源

目前，在网络上下载图片是最为简便和高效的途径，但是免费使用的图片分辨率普遍较低，基本上不能满足打印和印刷的要求，但在提案阶段可以使用；一旦涉及商业需求则需要联系网络进行付费购买以获得使用权。

1. 登录网站

可登录搜索网站，如谷歌、百度等。在图片搜索页面输入自己想要的图片关键词。关键词可以与设计关键词一致或者更宽泛一些，比如与现代建筑有关可以输入"空间、三维、科技感"等相关词汇（图2-2）。也可直接登录图片网站搜索图片，如昵图网、flickr网等，可以使用英文搜索图片，这样会比较全面。

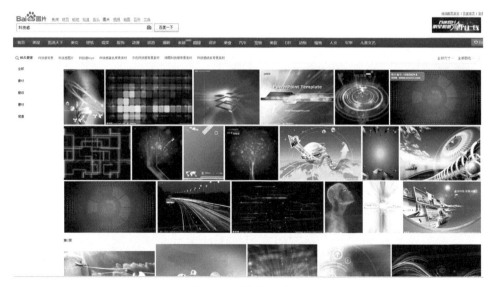

图 2-2　搜索图片页面

2. 图片筛选

在搜索出来的结果中进行筛选，运用网站自带的尺寸筛选功能（图2-3），下载符合主题要求精度较大的图片，精度过小的图片在网页显示时是清晰的，但是不能进行打印输出，没有下载意义。

图 2-3　图片筛选

3. 确认图片大小

　　一般在网站下载时就能在图片下方看到标示的图片像素大小。如果不确定，可以先下载图片，然后在 PS 软件中打开该文件，并在 PS 软件工具栏"图像"中点击"图像大小"（快捷键为 Alt+Ctrl+I）选项来查看图片尺寸。由于网络图片普遍保存像素为 72，在打印时原本在计算机中清晰的图，打印出来会模糊，所以可以去掉"图像大小"对话框中的"重定图像像素"选项，再将"分辨率"改为 300dpi（图 2-4），这样便可以知道该图片在 300 dpi 条件下的实际大小为 16.26cm×10.16cm。

图 2-4　搜索示例

4. 截图方法

　　如果碰到无法下载的图片，也可以通过截图的方式来完成图片的保存，为了得到最大的像素，我们先要调整屏幕的像素，尽量调到最大（图 2-5）。然后使用 QQ 等截图工具来截取屏幕图片，QQ 截图要求先开启 QQ 软件，快捷键为"Ctrl+Alt+A"，选取需要截图的区域后，可以通过右键"另存为"来保存（图 2-6）；没有截图工具的可以使用 Windows 自带的截屏按键"PrtSc"来截取屏幕，然后通过打开 PS 软件或者其他绘图类软件，新建文档之后，点击"Ctrl+V"进行粘贴，然后"另存为"其他图片格式。

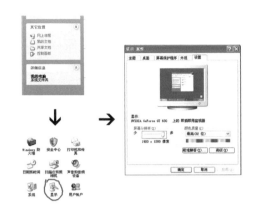

图 2-5　调整屏幕像素

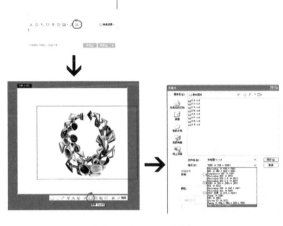

图 2-6　QQ 截图

二、图库光盘

专业的网站或者图库会出版一些高清图片的图库光盘，广告公司或企业设计部门会购买这些专业图片作为合法素材使用。

1. 图片搜索

图库光盘资料信息繁多，为方便顾客寻找需要的图片，他们会附送一本明确各种分类图片目录，根据小图片下面的文件名找到对应的光盘文件即可使用。

2. 文件特点

图库光盘文件由专业摄影师拍摄，精

度很高的同时文件也很大，多数为边缘清晰的白背景图片以便于设计师整合修改使用。

三、杂志扫描

杂志作为强大的时尚媒体，可以在其中找到最新的素材，可以借助扫描仪来进行资讯的收集。下面以爱普森扫描仪为案例介绍使用方法。

1. 安装扫描仪

点击安装包启动扫描驱动安装程序，根据程序提示点击下一步选择"简易安装"选项，勾选可选软件安装，点击"安装"键开始安装，等待完成后重新启动计算机（图 2-7）。

图 2-7　扫描仪安装步骤

2. 设置扫描数据

开启扫描软件并进行基础设置，为了达到好的扫描效果，单击【模式】菜单，选择"专业模式"选项；设置分辨率"300dpi"或更高，图像类型选择"24-位全彩"。同时由于杂志本身是印刷品，必须点选"去网纹"选项（其他高级选项可自由点选），否则图像扫描会有较大色彩颗粒出现（图2-8）。

图2-8　扫描数据设置

3. 使用扫描仪器

将需要扫描的杂志放入扫描仪，要求对齐周边扫描区域，一角顶住扫描仪的定位角（有箭头标志），单击"扫描"键，弹出"文件保存设置"菜单（图2-9）。

图2-9　扫描仪使用步骤

4. 保存扫描文件

在位置选项下可以选择保存图片的位置，点击"浏览"按键，弹出"浏览文件夹"菜单，选择所需文件夹，单击确定完成，并开始扫描（图2-10）。

图2-10　选择保存图片位置

四、摄影采集

随着数码图像采录设备的发展，现在各种数码产品基本都配有照相机或者摄像设备，如手机、IPAD、数码相机和DV等，这些设备都能起到采集图像的作用，也是我们平时生活中各种图像素材的主要来源，而运用最多的还是数码相机，它方便拍摄，容易输出，是很好的素材收集设备。

1. 相机设置

数码相机的设置很重要，不同的数码相机有不同的设置方法，单反相机与普通数码相机也有所不同，为了方便使用，一般选择"JPEG"格式保存图像就可以，这个格式存储速度快，软件兼容性更强。而在精度选择上，普通数码相机选择"精细"或"极精细"，这样拍摄的图像精度高，更方便之后的使用。图片分辨率的选择，可以选择相机可选的最大值，也可以适当选择稍大的分辨率，一般"1600 ×1200 像素"左右即可。

2. 实物采集

使用数码相机拍摄素材时也有一些需要注意的地方。首先，拍摄物品或景物时尽量保证周边背景中不要有太多杂物，这样方便以后使用时不用做太多处理；其次，取景时需要保证拍摄物的完整，多余的部分可以消除，但缺少的部分是很难修补出来的；再次，同一事物可以拍摄多个角度、不同构图，这样可以满足不同的设计需求。可以带着目的性地去拍摄需要的素材，也可以通过日常的收集整理，累积大量素材以作备用。

3. 翻拍采集

翻拍照片时首先要保证镜头和照片的平面平行；其次在拍摄时尽量让光源从周围照射到要翻拍的照片上，以免有反光，还要保证照片受光均匀，以免出现暗角；最后在拍的时候离照片尽量远一些，然后用变焦杆把照片拉近，这样可以避免拍出的照片出现球状或桶状畸变。

4. 文件存储

拍摄完图像素材之后，可以使用读卡器或是数据线进行文件的传输，将图片导入计算机中进行整理，新建图片库文件夹，将图片分为人物、风景、植物、动物、日常物品、产品造型等各种可以细分的分类，并分别建立文件夹保存，这样方便以后的查找与使用。

第二节
设计素材制作与处理

在素材不全的情况下，可以通过 PS 软件来制作需要的素材，一般有简单的色块填充和小块物料图片的补齐与变化等。

一、色块制作

（1）打开 PS 软件，在"打开"菜单中点击"新建"选项，或按快捷键"Ctrl+N"，弹出"新建"对话框，改好名称，选择适当的参数，分辨率设置为"300dpi"，点击确定新建完成。

（2）在工具栏中点击【矩形选框工具】，按住鼠标左键往右下拖动绘制出矩形的选框（图 2-11）。

图 2-11 绘制矩形框

（3）单击工具栏下方的色彩选择框，弹出"拾色器"对话框来选择色彩。

（4）新建图层，点击工具栏中的【油漆桶工具】，单击选区填充颜色（图2-12），或者使用快捷键"Alt+Delete/Ctrl+Delete"来填充所选择的前景色或背景色。

（5）点击工具栏中的【移动工具】，按住"Alt"键，拖动图层，可以完成复制工作，然后按住"Ctrl"键单击图层，可以选择复制出的色块区域，重复之前的填充流程，可以制作多个色块以供将来使用（图2-13）。

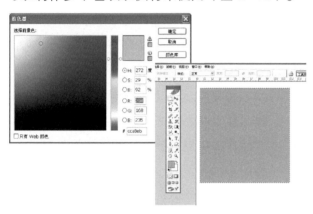

图2-12　填色　　　　　　　　　图2-13　色块复制

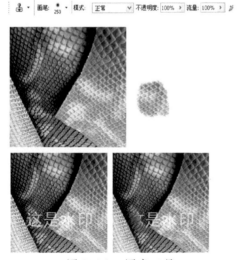

图2-14　图章工具

二、物料拼接与扩大

1. 水印修补

使用【印章工具】修补图片或去除水印。点击工具栏中的【仿制图章工具】，快捷键"S"。在【仿制图章工具】属性栏中设置画笔大小，选择适当的"不透明度"和"流量"。然后按住"Alt"键，当光标变成"⊕"时，可以选择需要复制的区域，单击鼠标左键完成选择基点的操作。然后可以在同一图层的任何区域涂抹复制光标移动过的区域像素，运用这个工具，可以进行水印的修补（图2-14）。

2. 物料拼接

使用印章工具完成物料的拼接。点击工具栏中的【移动工具】，快捷键"V"。按住"Alt"键将小片原始物料进行拖动复制，根据物料纹理不同，可以进行一些叠加，或者使用【变换工具】，快捷键"Ctrl+T"，进行旋转翻转等操作，将纹理初步融合，然后将图层合并（图2-15）。再使用【仿制图章工具】，把拼接处突兀的部分复制融合，完成最后的物料拼接（图2-16）。

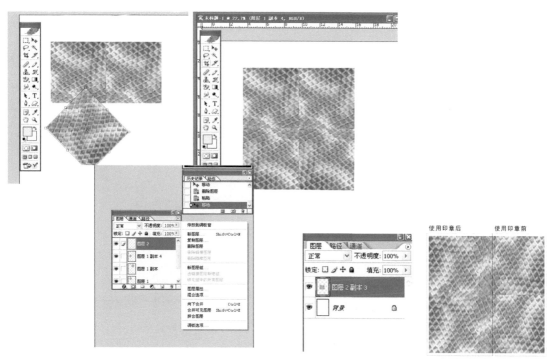

图 2-15　物料拼接

图 2-16　印章复制融合接口

3. 文件存储

为了使作品在使用【滤镜】后效果更好，一般使用 RGB 模式保存图片。点击"文件"菜单，如果是图片，直接点选"保存"菜单，快捷键"Ctrl+S"；如果需要保留原片，那就选择"另存为"菜单，快捷键"Ctrl+shift+s"（图2-17）。

图 2-17　文件存储

三、尺寸变化

用 PS 排版之前，如果需要确切尺寸的图片，就需要在排版之前进行调整。点击"图像"菜单调整"图像大小"选项，在弹出的"图像大小"对话框中设定宽度和高度，分辨率一般为 300dpi，点击确定完成。也可以根据图片发布的需求设置精度，通常使用在网页上的图片分辨率为 72dpi 或 96dpi；喷绘用图片则多为 150dpi（图 2–18）。由于 PS 文件是图片格式，其大小设定后只能改小而不能改大，所以最初的尺寸设定十分重要。

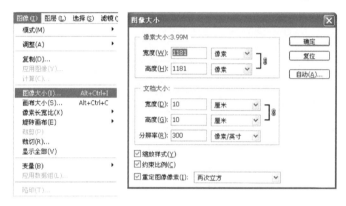

图 2-18　设定图片尺寸

四、色彩调整

1. 色彩调整

为了使素材图片符合设定的主题，就必须调整其色彩来对应主题色。

（1）选择需要调色的部分，在"图像"菜单里的调整命令中选择"色相／饱和度"选项。

（2）调整三个滚动条的数值，改变图片本来的色彩，点击确定完成调色（图 2–19）。

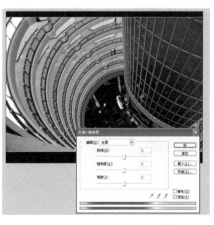
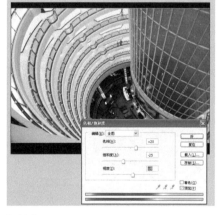

图 2-19　色彩调整

2. 色彩替换

为了与主题搭配，有时还需要变更部分色彩来搭配整体效果。点击"图像"按钮，选择"调整"菜单栏中的"替换颜色"选项，弹出"替换颜色"对话框，调整适当的"容差值"（容差值越大选取的色彩范围越大），用【吸管工具】点击需要替换的色彩部分，在替换的调节界面里调整色彩，右边可以看到所选择的色彩预览，点击确定完成颜色替换（图 2–20）。

也可以通过【钢笔工具】【多边形套索工具】和【选框工具】等来选取特定区域再进行色彩的调整与替换。

五、图片效果

为图片添加效果，可以选中图片所在的图层，点击"图层"对话框下方的图层样式标记，直接选择弹出菜单中的效果模式，双击该图层栏，在弹出的【图层样式】对话框中选择适当的效果（图2-21）。

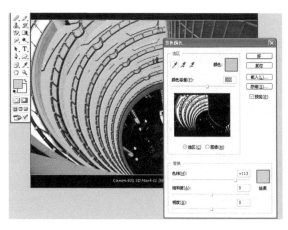

图 2-20　色彩替换

1. 投影效果

"投影效果"的各种选项中，"混合模式"一般选择默认的"正片叠底"效果；调节"不透明度"可以调整阴影的深浅；调节"角度"可以控制阴影的投射方向；最主要的几个控制选项为"距离"，可以调节阴影与物体之间的距离，数值越大，相距越远；"扩展"调节阴影的显示大小，百分比越大显示越明显；"大小"控制阴影的投射范围，数值越大扩散范围越大。"品质"中的"等高线"选项提供了各种阴影的投射效果，可以自行调整设置（图2-22）。

图 2-21　添加效果

图 2-22　阴影效果

2. 斜面与浮雕效果

"斜面与浮雕效果"的各种选项中，"样式"一般选择默认的"内斜面"效果，但也可以根据不同效果要求选择其他的选项；"方法"可以调整立体效果的过渡模式；"深度"控制所需要的立体效果凹凸的程度大小，数值越大，立体效果越明显；调节"方向"可以控制凹凸的上下方向；"大小"为立体效果的作用范围，数值越大，立体部分的范围越大；"软化"选项为控制立体部分边缘的尖锐程度，数值越大越柔和。"角度"控制着阴影部分的投射方向；"光泽等高线"可以调节立体的模式效果，有各种不同的材质效果可以选择，使用较多的如金属效果、球面效果等；"高光模式"和下方的"不透明度"选项是专门调节高光部分的选项，方法与阴影效果一致，而"阴影模式"与下方的"不透明度"则是调节阴影部分的选项（图2-23）。

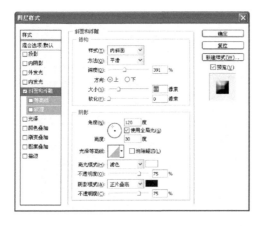

图 2-23　立体效果

3. 文件存储

为了使用滤镜效果更好地完成作品，一般使用RGB模式保存图片。点击"文件"菜单，如果是图片，直接点选"保存"菜单，快捷键"Ctrl+S"；如果需要保留原图片，那就选择"另存为"菜单，快捷键"Ctrl+shift+S"。

六、透明底处理

启动PS后，双击空白的操作区域可以直接显示"打开"对话框，或执行菜单栏中"文件/打开"命令，快捷键"Ctrl+O"，弹出"打开"对话框。在文件浏览框中点击选择所需要的文件，点击"打开"（图2-24）。

（1）使用【钢笔工具】抠选图片。如果图片边界模糊或者有遮挡，可以通过【钢笔工具】来抠选所需要的部分。单击选择，快捷键"P"。在软件栏下方的【钢笔工具】选项中选择"路径"模式。

（2）单击鼠标设置起始锚点，在设置锚点时，按住鼠标左键不放进行拖拽可以拉

图 2-24　打开文件

住双向的两个手柄，用来控制接下来
路径的弧度（图 2-25）。

（3）沿着图片边缘，选择下一个
锚点位置，转折处的锚点，需要拖拽
出手柄，以方便接下来的路径描绘（图
2-25）。

（4）完成路径描绘之后，右键鼠
标弹出菜单选择"建立选区"选项。

（5）在弹出的"建立选区"对话
框中，可以设置"羽化半径"数值，
数字越大选区的过渡范围越大，如果
要清晰的边缘，可以输入"0"像素，
单击确定创建路径（图 2-26）。

（6）使用【魔棒工具】抠选图片，
如果图片主体部分和背景色差明显，
边缘清晰，可以使用【魔棒工具】进
行快速选区。

（7）在魔棒选项中选择适当的容
差值（容差值越大选择的色彩范围越
大，越不精确），同时可以选择选区
的选择方式，勾选连续只能选择连接
在一起的部分，反之可以选择图中任
何颜色相同的部分。

图 2-25　钢笔抠图

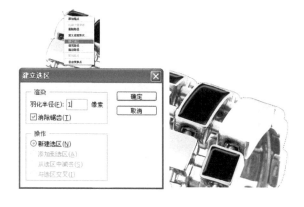

图 2-26　边缘羽化

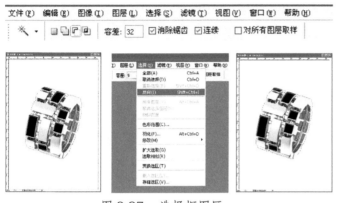

图 2-27　选择抠图区

（8）点击选择背景部分，此时选择的是背景的部分，执行【选择】菜单下的"反向"命令，快捷键"Shift+Ctrl+I"，可以选择需要抠选的部分（图2-27）。

（9）存储透明图片格式。将抠选的区域按"Ctrl+C"复制，然后直接"Ctrl+V"粘贴在上层。

（10）将背景层关闭，保留上层透明底图层。使用【裁剪工具】将所需区域周围无用区域截去，尽量减少空白部分方便以后使用（图2-28）。

图 2-28　透明底

（11）运行文件选项里的"存储为WED所用格式"命令，快捷键为"CTRL+ALT+SHIFT+S"。

（12）双击背景图层中的"锁"图标，出现图2-29的对话框，点击"好"解锁，然后将图层0拖至垃圾桶删除，仅留复制的透明图层。

（13）另存为psd、tif、gif等格式均可，但是不可存为jpg格式。如果希望上传的图片不被他人下载，需在保存类型选择框中选择"PNG-24"文件类型，其他不变，然后确定保存，这样就完成了透明底图片的制作（图2-30）。

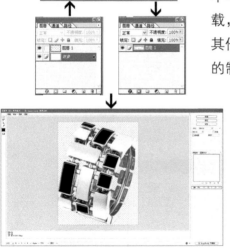

图 2-29　删除背景图层

图 2-30　储存格式

七、图片描边

为了强调某些特别的图片或者制造效果，可以选择为其描边。

1. 描边操作

选择所要描边的图片，在编辑菜单下选择【描边】命令执行，选择好"宽度"与"描边颜色"，点击确定就可以完成图片的描边（图2-31）。

图 2-31　描边

2. 文字素材制作

为了充分表达设计的思想与内容，氛围版需要添加一些文字和注释来完善整个版面，主要信息有标题文字、设计关键词、设计说明、图片注解及色板色号等。

八、文字制作与设计

1. 文字制作

（1）文字设置

在工具栏中找到【文字工具】图标，在"文字设置"栏中选择需要的字体、字号、色彩等信息，在需要的区域单击左键，出现光标之后开始输入需要的文字。文字输入也分好几种模式，主要为直接输入与文本框输入。

（2）直接输入文字及版式

点击【文字工具】图标，单击图片空白部分可以直接输入文字，其中有【横排文字工具】和【直排文字工具】可以选择。直接输入文字不能进行自动换行等操作，所以如果需要输入大量文字并需要进行排版时，不要直接进行文字的输入（图2-32）。

图 2-32　字体及版式

（3）文本框输入文字及版式

在【横排文字工具】和【直排文字工具】状态下，按住鼠标左键不放往斜下方拖动鼠标，可以进行文本框的输入。文本框的优点是可以通过拖动文本框的外框对文字的范围进行调整，同时具有自动换行的功能（图2-33）。

图 2-33   文本框编辑

图 2-34   字体设计

图 2-35   字体效果

2. 文字设计

（1）用 PS 做字体修改

　　新建文档，输入需要修改的字体，确定基础字体之后，新建图层与字体图层合并，将原来的可输入字体变为像素图片模式。使用【选框工具】【钢笔工具】和【橡皮擦工具】等，对该字体进行选区（图2-34），使用【贴入工具】操作进行文字的图案填充，使之有更好的视觉效果。最后可以为图片添加【图层样式】，这里选择的是"斜面与浮雕"效果，完成最后的效果（图 2-35）。

（2）用 AI 做字体修改

　　在 AI 中选择需要修改的字体，点击鼠标右键选择"创建轮廓"将文字转换为可编辑的曲线，转曲之后的文字是编组在一起的，可以点击鼠标右键选择"取消编组"解开编组，接着使用【直接选择工具】选择其中可编辑的锚点进行字体的设计，拖拽其中的个别锚点可以改变文字形状。完成字体设计后，还可以将设计好的文字复制进 PS 中，进行特殊效果的处理（图2-36）。

图 2-36   AI 修改字体

3. 文字效果处理

为了凸显文字，可以点击混合选项按钮为其添加投影或其他效果。

（1）阴影字

使字体附上阴影，具有立体感，以此强调主题字。给字体添加"投影"，调整阴影强度即可完成（图2-37）。

图 2-37　阴影字效果

（2）金属字

金属效果是经常使用的文字效果，制作金属效果只需为文字添加"斜面与浮雕效果"混合选项。调节各种数值，需要调节"深度""大小""金属光泽""光泽等高线""软化"，其他选项默认即可。"深度"控制所需要的立体效果凹凸的程度大小，数值越大，立体效果越明显，需要根据预览效果来决定数值的大小；"大小"不用很大，根据字体上的预览效果来选择，一般不超过"10"像素；"软化"选择数值"0"；"光泽等高线"可以调节立体的模式效果，其中选择"金属光泽"即可（图2-38）。

图 2-38　立体金属效果

第三节
版面设计与输出

氛围页中的图片、色块和文字需要进行合理的版面设计来确定各自的主次位置，形成有效的视觉流程从而突出重点。准确的图片选择能够起到更直接的视觉传达效果，让这些图片更好地呈现是版面设计的重点。

一、Photoshop 版面设计与输出

图 2-39　新建页面设置

（一）版面框架设置

1. 页面设置

打开 PS 软件，在"打开"菜单中点击"新建"选项，快捷键"Ctrl+N"，弹出"新建"对话框，改好名称，选择适当的参数，一般氛围版会选择"A3"尺寸，分辨率设置为300dpi，由于需要用到滤镜特效，"颜色模式"一般选择为"RGB颜色"，点击确定完成（图2-39）。

2 设置基础框架

点击"视图"菜单，选择"标尺"选项，快捷键"Ctrl+R"，打开工作栏周围的标尺，鼠标左键点击四周标尺拖动可以拉出"辅助线"，标出边缘或者图片的位置，拖出的辅助线也可以再次拖动进行调整（图2-40）。

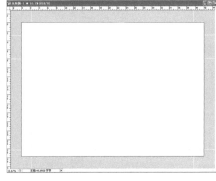

图 2-40　辅助线

（二）素材导入

1. 图片导入

图片导入可以通过两种方式完成，一是使用【移动工具】，直接按住鼠标左键拖动入页面中；二是使用【选区工具】，选择需要的部分图片，按"Ctrl+C"和"Ctrl+V"，进行基本的复制图层操作（图2-41）。

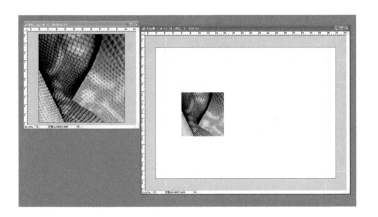

图 2-41　素材导入

2. 素材复制

点击工具栏中的【移动工具】，按住"Alt"键，拖动图层，即可以完成复制工作（图2-42）。

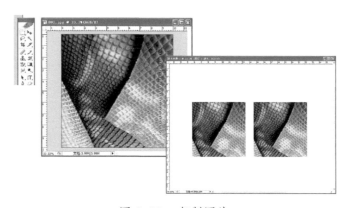

图 2-42 复制图片

（三）素材排版

1. 大小调整

素材大小的调整也是排版中必不可少的，首先在图层中选中需要调整的图片，单击"编辑"菜单选择"变换"选项中的"缩放"子选项，图片周围出现可调节框之后用鼠标拖动调节点进行缩放。或者选中图片之后，单击"编辑"菜单选择"自由变换"选项，快捷键"Ctrl+T"，图片周围出现可调节框之后用鼠标拖动调节点进行缩放（图2-43）。

2. 对齐工具

素材排版中一般使用"对齐工具"来进行基本的图片对齐。点击【移动工具】，在工具属性栏后半部分找到对齐按钮，然后在图层中按住"Ctrl"键，选择需要对齐图片或文字的图层，单击对齐按钮，完成水平对齐操作（图2-44）。

图 2-43 大小调整

（四）版面保存

1. 保留图层文件（psd）

为了方便日后修改，使用 PS 排版时，必须保存 psd 格式的文件，此文件可以保留图层信息和所有可修改的信息。

2. 合并文件（tif）

tif 图片格式是可以直接用于印刷的图片格式，其格式复杂，存储内容多，占用存储空间大。

3. 压缩文件（jpg）

jpg 图片格式是现在最普遍的压缩图片格

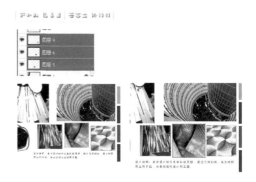

图 2-44 对齐工具

式，如果不需要非常高的输出要求，可以直接将图片存储为此格式，其优点是占用资源小，应用性广，多用于打印输出。

（五）版面输出

1. 喷绘与印刷输出

一般使用 tif 格式，喷绘与印刷一样，输出的图像模式必须是 CMYK 模式，如果在制作时使用的是 RGB 模式，那在最终出稿时必须将文件的模式改成 CMYK 模式；同时如果图像上有用到黑色的文字或者色块时，严禁使用单一黑色值，必须填加 C、M、Y 色，组成混合黑。

在分辨率的选择上，喷绘往往需要喷涂较大的面积，所以在分辨率的选择上一般选择 150dpi 即可，面积越大，分辨率可以适当调小。

2. 打印输出

打印输出时，对于输出图像模式没有特别的要求，RGB 和 CMYK 模式都可以使用，普通的打印机使用 RGB 模式的图片色彩会相对鲜艳一些，CMYK 模式则会相对暗淡一点。在分辨率的选择上，打印时尽量使用 300dpi 的高分辨率输出，以保证其打印效果。

二、Illustrator 版面设计与输出

Illustrator 软件十分适用于版面设计，与 Photoshop 排版不同的是该软件排版时使用链接文件，也就是说图片不是真正在这个页面中而是视觉上占用了这个位置，所以在操作时占用的内存很小。

（一）版面框架设置

1. 页面设置

打开 AI 软件，在"打开"菜单中点击"新建"选项（快捷键"Ctrl+N"），弹出"新建文档"对话框，修改名称，选择适当的参数，一般选择"A3"大小尺寸，单位选择"毫米""颜色模式"一般选择为"CMYK"模式，点击确定新建完成（图 2-45）。

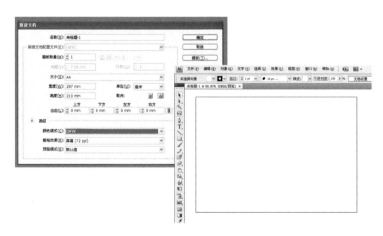

图 2-45　AI 新建页面

2. 设置基础框架（辅助线）

点击"视图"菜单，选择"显示标尺"选项（快捷键"Ctrl+R"），打开工作栏周围的标尺，鼠标左键点击四周标尺拖动可以拉出"辅助线"，标出边缘或者图片的位置，拖出辅助线之后也可以通过"解锁辅助线"（快捷键"Ctrl+Alt+；"），再次拖动进行调整（图 2-46）。

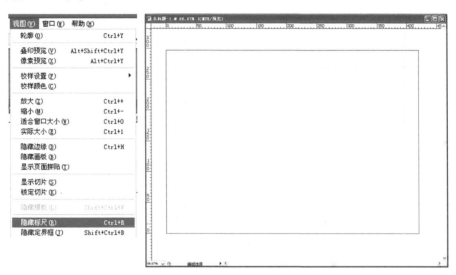

图 2-46　拉辅助线

（二）素材整理

1. 文件夹设置

为了能方便找到链接文件，一般用 AI 制作氛围版之前可以预先建立一些文件夹分类放置文案文档、图片等。文件夹一般有"AI 文档"，存放制作过程中的所有 AI 文档；"文案文档"存放文字类的资料；"链接图片"存放用于链接 AI 文档中的图片；"图片资料"存放所有用到的图片，方便重新制作与修改（图 2-47）。

图 2-47　文件夹设置

2. 素材要求

AI 软件的兼容性很高，可以链接多种文件格式，除了常用的几种图片格式 jpg、tif、gif 等，还能够链接 psd 文件。

 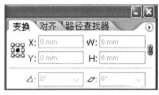

图 2-48   尺寸设置

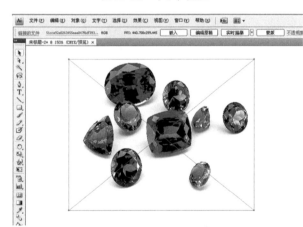

图 2-49   置入图片

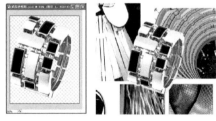

图 2-50   链接更新

3. 素材尺寸设置

点击"窗口"菜单，打开"变换"工具框。选中需要修改尺寸的图片，可以在这个属性框中设置其大小数据，其中"W"为宽，"H"为高（图2-48）。

（三）素材效果修改（PS链接功能）

（1）AI软件由于不能自由地进行像素图片的修改与处理，所以它引入了一个链接文件的功能，可以很好地辅助弥补这个问题。

（2）将psd文件"导入"AI中进行排版，点击图片可以在工具栏下找到链接图片选项，其中可以找到图片的名称等信息，后面的"嵌入"按钮可以将链接图片嵌入AI文件内，但不能再进行修改（图2-49）。

（3）在PS软件中打开需要添加效果或修改的图片，然后进行处理，按"Ctrl+S"保存，进行原文件的替换。

（4）再次返回AI软件中时，会弹出一个对话框，表示链接文件已经被改动是否更新，点击"是"按钮就可以将原来的图片替换为修改后的图片，就完成了在AI中的图片效果添加和修改（图2-50）。

（5）当软件中有多个链接图片存在时，还能够打开链接管理窗口，其中可以找到所有链接文件信息，点击其中的文件，可以找到并修改链接文件（图2-51）。

（四）边框处理（规则及不规则剪切蒙版）

（1）AI软件虽然不能进行实际的像素图像处理，但是可以通过剪切蒙版来完成一些简单的抠图操作。

（2）首先使用【钢笔工具】将需要抠选的部分描绘出一个闭合路径。选中画好的闭合路径，右键弹出菜单，选择"排列"选项，点击"置于顶层"，将此路径放到图片的上层，然后将图片与路径一起选中（按快捷键"Ctrl+7"）建立"剪切蒙版"。

图 2-51　图片链接信息

（3）AI中抠图的缺点也很明显，由于不是真正地切除多余部分，选中时显示的实际大小也跟剪切之前一样，图片一多就不方便选择（图2-52）。

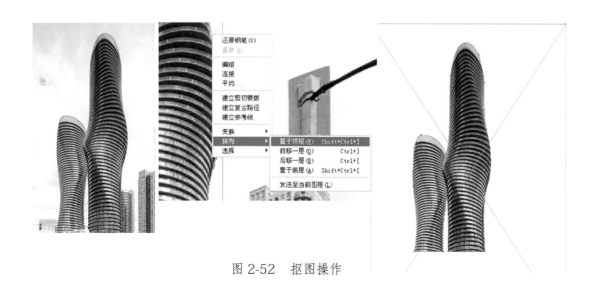

图 2-52　抠图操作

（五）素材排版

AI 软件在排版上相比 PS 要方便许多，图片的对齐更加便捷，还可以自由地选取界面上的任意图片，按住"Shift"键单击鼠标左键选择需要对齐的图片，在对齐菜单中选择适当的对齐方式进行对齐，通过图片的排放完成最终的排版 (图 2–53)。

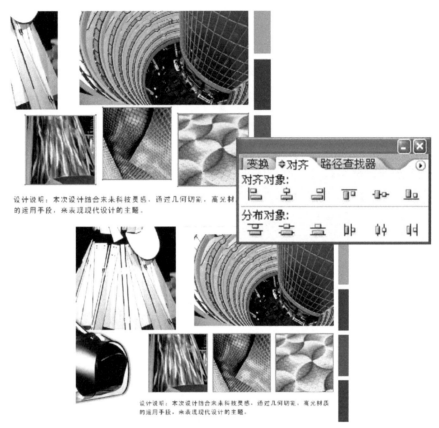

图 2-53　图片对齐

（六）版面存储

1. 可修改矢量文件（链接）

AI 软件有自己专用的文件格式（＊.AI），需要注意的是，文件中涉及的链接图片和文件必须放在一个固定的文件夹中保存，移动 AI 文件时，这个链接文件夹必须跟随一起拷贝或移动，否则文件中的图片将失去链接无法显示。

2. 完成矢量文件

如果文件已经确认完成，为了保证里面的图片与文字不会变化，就需要将文件内的文字转化为曲线，把所有的链接图片嵌入文件后，这个文件才可以单独拷贝与移动，不再需要一起拷贝移动链接图片了；转曲的文字也不会因为其他计算机缺少字体而变化字体。但是，如果文件内图片太多，会造成文件过大，打开速度缓慢。

3. 位图文件

　　AI 软件也可以导出各种常见的位图格式文件，如 jpg、tif、png 等。在"文件"菜单中选择"导出"选项，就可以在下拉菜单中选择需要导出的文件格式，但是要注意导出的设置。以 jpg 为例，由于 AI 页面中的底框为虚拟框（图 2-54），它的大小由新建页面时确定，与文件导出的大小无关。AI 导出的图片以页面中绘制的内容为边界导出。如果设计师需要导出 A4 大小的页面，则需要绘制一个 A4 大小的方框，并将绘制的内容放置在其中再导出。

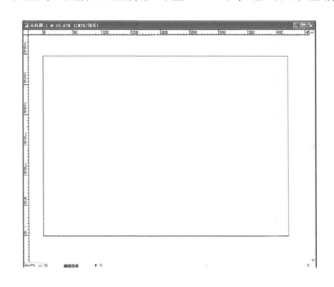

图 2-54　位图格式文件操作

4. 导出设置

　　高版本的 AI 在导出设置时需要将计划导出的内容选中，在文件栏的"对象"中选择"画板"，将其转化为画板；然后"导出"会跳出对话框，勾选对话框下部的"使用画板"，范围 1通常是虚拟画框内的内容，范围 2 通常是计划导出的内容画板；可选择导出。

5. 导出文件

　　导出文件时，将自动出现图 2-55 中的选项对话框，根据设计师需要可选择不同图像品质和分辨率，通常用于打印输出的文件需要选择高分辨率300dpi；如果文件内容很多且页面很大，则需要计算机运行盘有较大内存方可导出。

图 2-55　导出图片

三、氛围版案例赏析

图 2-56 氛围版设计为基础素材平铺式设计。将灵感图片根据其对设计构思的重要性进行大小布局，图片排列时需注意内部的隐性视觉对齐线格局。色彩版中的色彩从图片中提取，整体色调需调整成一致。

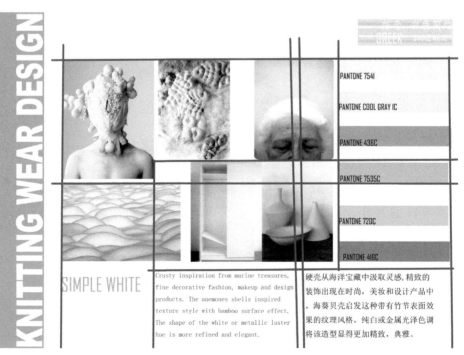

图 2-56　平铺式氛围版版面设计（何冰洁）

在服装及服饰品设计构思时,设计师需要多角度表现其在款式、色彩、材质和细节方面的构思来源,所以会采用一个系列版面进行视觉呈现。在此类版面设计中要注意各版面之间的统一性和变化,如横向排版和纵向排版的变化,还要注意页面排版的疏密变化形成的黑白灰关系。氛围页中使用到的图片、字体和色块均以表现机械生物的主题概念为设计基准,设计师巧妙地利用图形轮廓构建一个机器风格的底图来衬托标题(图2-57)。

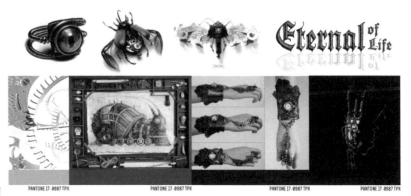

图 2-57 系列式氛围版设计(施嘉玮)

　　氛围版面设计常用于设计手册中，作为跨页内容的版面设计需要将其作为一张长横版进行规划。版面设计中的空白位十分重要，文字的排版需要留足行间距。在排版时，要注意整体画面的点、线、面关系；文字会形成线或虚面的效果，而主要的灵感图片也并非需要多张罗列或重构，以说明构思为准（图 2-58）。

图 2-58　跨页式氛围版设计（曾敬）

　　色块可以在版面上起到凸显主题的作用，通过黑白棋盘格和蒙特里安分割的组合，直观地表达了设计师的灵感来源和设计意图。不同大小的块面通过叠加形成独特的空间感，文字的排版也成为版面的有机组成块面（图 2-59）。

图 2-59　色块分割氛围版设计（牟浩烨）

设计师将灵感来源图片平铺罗列之后，结合蜂巢结构形成新的版面形式，传达自然元素与现代构造混搭结合的概念。同时色板构造也采用该形式与占画面主要面积的多面性色块形成呼应（图 2-60）。

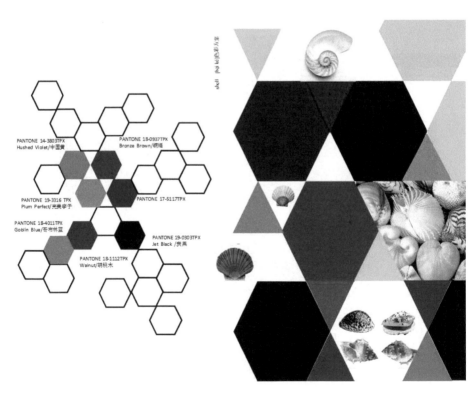

图 2-60　重构式氛围页版面设计（吴峰）

在体现怀旧主题时可以采用较为保守的三段式排版，呼应 20 世纪 50 年代好莱坞主题，以电影胶片的分割作为主要格局。使用图层之间的透叠效果、贝壳的轮回图形以及电影海报式的字体设计来营造情调，以黑白为主要色调，在局部使用色彩点题（图 2-61）。

图 2-61　三段式情调氛围页版面设计（李春晓）

第三章
设计提案制作

五金

STYLE NO .2

STYLE NO.1

SAILOR
D&G

D&G

SAILOR
D&G

MATERIAL DESIGN

　　设计师在收集了大量的设计资讯后，为了梳理思路并方便设计主管评审，要制作简单的设计提案版。该提案版要求扼要明了、制作简便，以参考图片形式罗列出意向款式、色彩物料、细节修改建议、意向成本价格以及特殊工艺要求等。

　　然后设计师需要绘制设计草图，并使用设计软件进行设计提案制作来预演设计效果，同时也方便各相关部门选稿产品制作样品。

　　设计提案包括设计规划提案、产品开发提案、展示陈列提案等，以沟通讨论修正设计方案为主要目的，而非执行制作的正式方案。

　　为了快速制作设计提案，通常可以使用 PS 软件来虚拟制作大致效果，用于设计初期的提案评审。

第一节
产品开发提案制作

　　产品开发提案通常会让商务人员早期介入，来避免重复设计并提高设计方案的有效性。为更直观地达到设计预览的效果，设计师可以使用 Photoshop 软件来虚拟完成先期的大致设计效果，如现有款式的修改、细节的拼接等。

　　通常设计师将意向的成品、物料、辅料等实物图片进行剪贴并书写修改意向以供讨论（图 3-1）。

图 3-1　设计方案

在确认开发意向之后，设计师可以使用软件虚拟制作意向开发的实物效果图片，以便相关部门人员准确判断是否需要开发制作。这种直观的虚拟手法可以节省大量制版开发费用。

一、产品款式修改

产品款式修改（图3-2）的操作步骤如下。

图 3-2　修改前、修改后

1. 新建文档

打开 PS 软件，点击文件菜单，选择"新建文档"选项，弹出"新建文档"对话框，输入名称，设置面板属性，一般大小选择"A4"就足够了，单位选择"毫米"，分辨率为 300dpi，色彩模式无特别要求，点击确定完成（图3-3）。

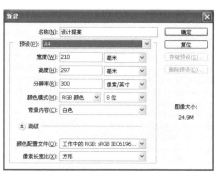

图 3-3　新建文档

2. 修改包型

　　导入包款素材，可以先将图片抠出待用。使用"自由变换"工具（快捷键"Ctrl+T"），对包型进行大致调整。拖动图片周围的变换点，可以对包款的长宽进行调整，从而改变包型（图3-4）。

图 3-4　修改包型

3. 细节修改

　　包型调整之后，可以通过拼接其他包款的部件和细节来达到重新设计的效果。

　　（1）运用【钢笔】【橡皮擦】【仿制图章】工具来进行原始图层的修改，一般将原始图层复制一层新图层，保留原始图层。将需要替换的部件擦除，运用钢笔选区的操作，可以提高精确度（图3-5）。

图 3-5　擦除替换区域

　　（2）添加需要的部件，这里替换了包款的手挽，也可以进行其他物件的添加，将每一个替换的部件保存在不同的图层并标注名称，方便日后的查找修改（图3-6）。

图 3-6　部件替换

　　（3）如果原始的部件色彩与包身不搭配，可以在"色相/饱和度"中进行调整（快捷键"Ctrl+U"），这个过程也可以进行配色（图3-7）。

图 3-7　部件改色

二、产品物料修改

产品物料修改的主要内容如下（图3-8）。

图 3-8　物料修改前后

图 3-9　做选取

1. 局部面料替换

（1）为了配合不同的包款效果，有时需要替换部分物料材质。首先在 PS 中使用【钢笔工具】抠选出需要替换的物料部分（图3-9）。

（2）然后打开需要替换的物料图片，使用【矩形选框工具】选择一块区域，按"Ctrl+C"进行复制。回到之前的包款选区，按快捷键"Ctrl+Alt+V"进行"贴入"操作，由于物料的尺寸可能不合适，运用"Ctrl+T"进行调整，然后使用【移动工具】按住"Alt"键拖动复制物料填满所选区域。最后合并物料图层，如有物料纹理不和谐，可以使用【仿制图章工具】进行修补。最后可以为面料画上阴影高光，完成最后的物料替换操作（图3-10）。

图 3-10　贴入物料

2. 色彩修改

（1）对局部色彩进行替换是经常使用的效果观察法，可以直接快速地了解配色效果。首先重复之前的选区步骤，对需要替换色彩的部分进行选区。

（2）按快捷键"Ctrl+U"，弹出"色相／饱和度"对话框，调节"色相"数值，即可以改变色彩（图 3–11），为了进行多样色彩的对比，可以原地复制多个选区图层进行色彩的改变（图 3–12）。

图 3-11　物料色相修改

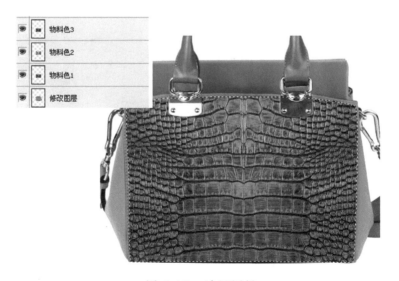

图 3-12　选区图层

第二节
造型搭配提案制作

服装设计是一个整体造型的概念，模特的形象、妆容、发型和服装产品搭配，以及服装与服饰品的搭配都是设计师在设计产品时必须系统考虑的。设计师使用 PS 软件，可以快捷地进行造型搭配构思，可操作性强。如替换模特形象，修改色系搭配，配饰替换等效果清晰明了。

一、模特造型搭配修改

1. 脸部修改

根据设计需要，有时需要替换模特来演示产品效果，这时可以通过替换模特脸部或其他细节部分来实现，无需重新拍摄，同时也能避免一些肖像权上的问题。

（1）打开原始模特图片，将需要替换的发型或整个头部从其他照片上抠选出来放置到原始图片上层，使用【自由变换工具】（快捷键"Ctrl+T"），进行位置与大小的调整，初步将比例和位置定好（图 3-13）。

图 3-13　初定位置比例

（2）使用【橡皮擦工具】擦除并过渡周围皮肤，如果肤色不同，可以打开"色阶"对话框（快捷键"Ctrl+L")和"色相/饱和度"对话框（快捷键"Ctrl+U"）来调整肤色。头发覆盖衣服的部分可以使用【仿制图章工具】进行修补。最终合并图层，完成模特脸部的替换（图3-14）。

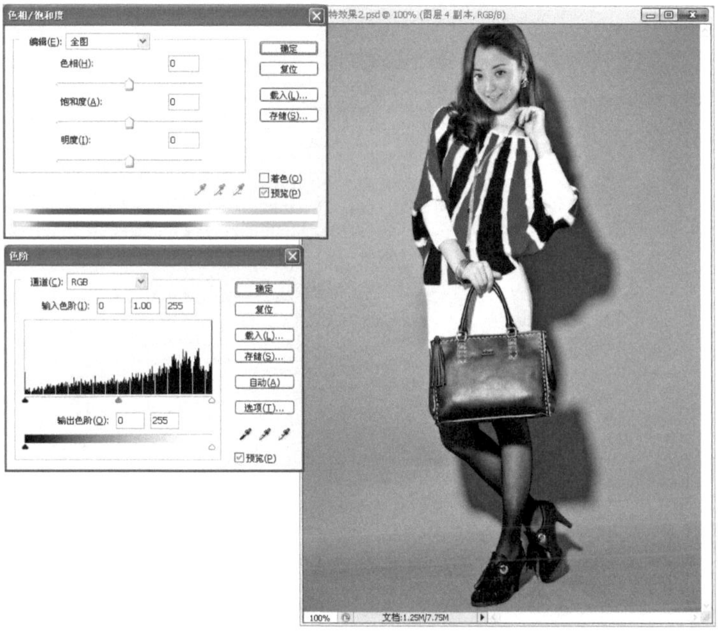

（3）如果对于面部需要进一步的变化，可以使用"液化工具"来完成。点击滤镜中的"液化选项"使用其中的"涂抹工具"，或其他一些变形工具来改变人物的局部细节（图3-15）。

图 3-14　细节处理

图 3-15　脸部局部修改

2. 配饰修改

与之前的脸部替换相似，将需要添加的包款抠图导入制作文档中，使用"自由变换工具"（快捷键"Ctrl+T"），调整包款的大小和位置达到合适的效果。

（1）复制背景图层改名"修改背景"图层，然后使用【仿制图章工具】在"修改背景"图层上将超出上层包款的部分进行仔细修补去除（图3-16）。

图 3-16　初步替换

图 3-17 细节处理

（2）最后将手挽被手抓住的部分抠选删除，完成最后的配饰添加过程。使用这个方式可以添加很多其他配件，如手镯、项链、耳环等（图 3-17）。

3. 色彩替换

为了与配饰搭配，有时还需要变更服装色彩或其他细节色彩来搭配整体效果。

点击"图像"按钮，选择"调整"菜单栏中的"替换颜色"选项，弹出"替换颜色"对话框，调整适当的"容差值"（容差值越大选取的色彩范围越大），用吸管工具点击需要替换的红色部分，在替换的调节界面里调整色彩，右边可以看到所选择的色彩预览，点击确定完成颜色替换（图 3-18）。

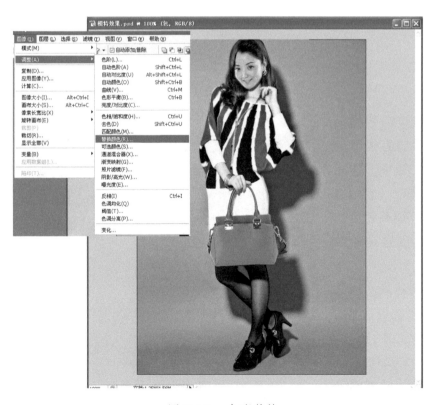

图 3-18 色彩替换

二、时装效果图修改

1. 新建文档

打开 PS 软件,点击文件菜单,选择"新建文档"选项,弹出"新建文档"对话框,输入名称,设置面板属性,一般大小选择"A4"就足够了,单位选择"毫米",分辨率为 300dpi,色彩模式无特别要求,点击确定完成(图3-19)。

图 3-19　新建文档

2. 替换头部

导入原始图片,将图层改名为"原稿",并导入素材头部图片,图层改名"头部替换",使用【钢笔工具】或【多边形套索工具】等选区,去除需要替换的头部多余部分,将头部图层放于原始图片上方,使用【自由变换工具】(快捷键"Ctrl+T"),调整头部的大小,合适之后按回车确定,然后选择"原稿"层,使用【橡皮擦工具】擦除底层露出部分,如遇肤色不搭配,可以在"色相/饱和度"(快捷键"Ctrl+U")中进行调整(图3-20)。

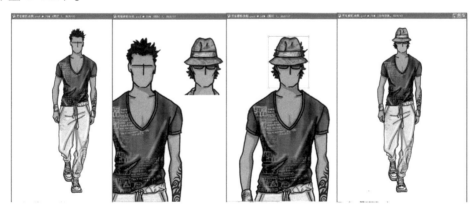

图 3-20　头部替换

3. 替换服装

与替换头部相同,使用【钢笔工具】等抠出需要替换的服装款式,导入替换文档中,图层改名"T 恤"图层。

(1)然后使用"自由变换"命令(快捷键"Ctrl+T")对图像进行大小与位置的初步调整,覆盖于原稿图层之上,"原稿图层"在之后的操作中还需要进行修改,所以需要复制一层"原稿副本",保留原始图层信息(图3-21)。

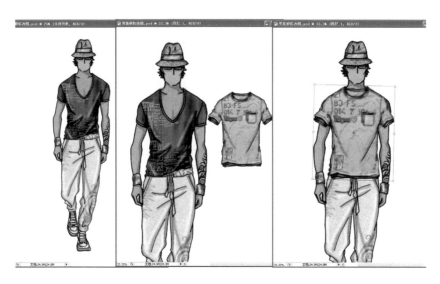

图 3-21   替换服装

（2）大致调整完成之后，由于服装的款式图一般都不会完美贴合模特身形，需要进行进一步调整。首先运用选区挖除领口部分将衣服穿上，去除那些穿戴时看不到的部分。将服装大致穿模特身上，选区袖口等需要变形的部位，点击"编辑"菜单栏中选择"变换"菜单中的"变形"选项，可以对所选部位进行扭曲变形操作，然后将袖口部分贴合模特手臂动态，点击回车确定。在变形过程中出现的空缺部分，可以使用【仿制图章工具】进行修补（图 3-22）。

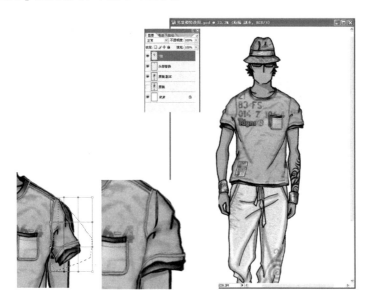

图 3-22   细节调整

（3）最后擦除"原稿副本"上超出衣服的部分，做最后的修整工作，完成服装的替换。

4. 替换配饰细节

　　款式效果图中为了方便观察不同款式色彩的搭配，可以将各种细节部分单独抠出另建图层存放，选择不同的细节图层，可以使用"色相 / 饱和度"（快捷键"Ctrl+U"）来改变色彩，每个效果都必须单独建立一个图层存放，并且改名，方便以后查找（图3-23）。

　　效果图中的鞋款也可以进行替换，步骤基本跟服装款式的替换差不多，先选区将原本的鞋子删除，只留下裤子部分，然后导入抠选好的鞋款图层，将其放置于"原稿副本"图层下方，调节到适当的大小，由于原始的图片鞋子方向与需求相反，可以点击"编辑"菜单栏中选择"变换"菜单中的"水平翻转"选项，进行图片的镜像翻转，最后完成替换操作（图3-24）。

图 3-23　服装颜色修改

5. 添加配饰细节

　　款式效果图中为了展示不同的搭配效果，需要添加不同的配饰，具体的操作方式基本和替换服装相似。将需要添加的包款图片导入文档，调节适当的大小之后，选区去除被手遮挡的部分，通过变形、复制等操作将一些细节的部分添加完成，最终得到穿戴在身上的效果。

　　用同样的方式可以添加各种不同的饰品、配饰等（图3-25）。

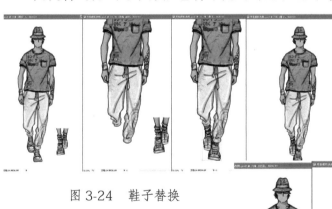

图 3-24　鞋子替换

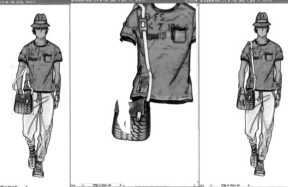

图 3-25　添加配件

　　图 3-26 系列以面料设计为突破点，将海葵纹样应用得淋漓尽致，风格极度统一，整个系列产品统一中有变化。

图 3-26　生态几何男装及服饰品设计（王琦玉）

　　将一个模特图中的上衣和外套与另一张模特图中的下装和鞋子进行搭配，形成新的模特形象。在这类提案制作中要注意模特动态的合理性和各个局部之间的比例关系（图 3-27）。

图 3-27　造型搭配提案

图 3-28 系列中的模特造型协调，服装表达合理充分，版面层次丰富，主体突出；字体设计精巧与辅助图形相呼应。

图 3-28 民族纹样服装及服饰品设计（沈虹伯）

第三节
面料设计提案制作

随着时代的变迁，服装材料极其丰富，各种不同材料的交替、拼接手法和各种材质的再造手段层出不穷，由此产生的服装面料的纹样和肌理设计让服装效果发生质的改变。

面料设计师可以采用手绘或使用计算机软件来进行面料创意设计。计算机软件作为设计的辅助手段，其修改功能十分突出，可以在最短的时间内做出大量的纹样构思、色彩变化和材质效果，这样可以减少打样制版的风险达到提高设计准确度的目的。

一、条格纹面料提案

条纹和格纹是服装家居面料里较为常见的纹样，利用 PS 的图层功能可以较为简单地制作出梭织面料纱线垂直交织形成的视觉效果。同样为了预判设计的面料成品效果，可以为其添加肌理的方式来进行预览。

（一）条纹绘制

1. 新建文档

打开 PS 软件，点击文件菜单，选择"新建文档"选项，弹出"新建文档"对话框，输入名称，设置面板属性，一般大小选择"A4"就足够了，单位选择"毫米"，分辨率"300dpi"，色彩模式选择"CMYK"，点击确定完成（图 3-29）。

图 3-29　新建文档

2. 绘制条纹

使用【矩形选框工具】制作长条选区并选择颜色，使用"Alt+Delete"填充前景色；使用【移动工具】，按住"Alt"键拖动条纹进行复制；使用"Ctrl+U"键修改条纹色彩，使用【魔棒】做选区加"自由变换"（快捷键"Ctrl+T"）来修改条纹的粗细，最终完成条纹绘制（图 3-30）。

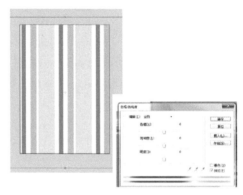

图 3-30　色条制作

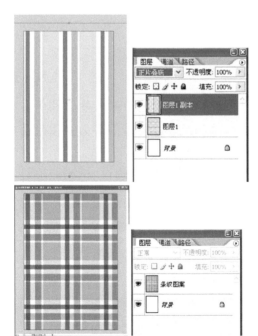

图 3-31　格纹效果

（二）格纹绘制

1. 创建新图层

使用"全选"（快捷键"Ctrl+A"）和"复制"（快捷键"Ctrl+C"）来复制图层 1 里的条纹，使用"编辑"里的"自由变换"（快捷键"Ctrl+T"）命令，调整复制出的条纹图层与之前的底层垂直，按回车确定。

2. 格纹效果

点击上层图层的"融合选项"，选择"正片叠底"选项。最后合并上下图层完成格纹图案。可适当调整新图层的不透明度来取得意向效果（图 3-31）。

（三）肌理模拟

1. 肌理素材

通过拍摄或扫描方法，提取所需的物料肌理，这些素材肌理最好选择纹理清晰的白色或浅色的物料，尽量减少在之后的叠加操作中发生较大色偏，而且尺寸以 A4 或 A3 大小为佳。

2. 透叠肌理

将肌理素材导入图层垫在图案图层下方，点选图案图层，添加融合选项"正片叠底"，这样底下的肌理图层就会显现，并通过替换不同的肌理图片来查看效果了（图 3-32）。

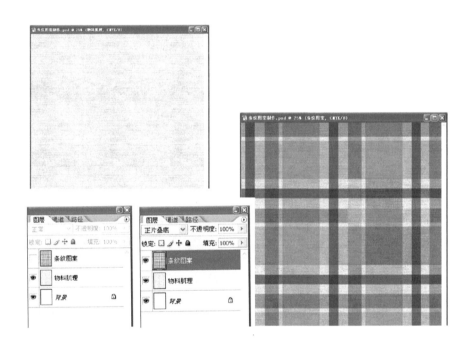

图 3-32　物料效果

二、纹样面料提案

在服装与服饰品面料设计中，纹样设计是十分重要的环节之一，较为常用的是散点纹样和连续纹样，它们的区别在于图形元素排列的框架方式不同。

散点纹样，顾名思义即由分散的图案元素按照视觉评审和审美原则布局形成的纹样；而连续纹样是根据条理与反复的组织规律，以单位纹样作重复排列，构成无限循环的图案。由于重复的方向不同，一般分为二方连续纹样和四方连续纹样两大类。

以下以散点纹样为案例讲解制作流程。

1. 新建文档

打开 PS 软件，点击文件菜单，选择【新建文档】选项，弹出【新建文档】对话框，输入名称，设置面板属性，大小可根据面料制版尺寸设置，单位选择"毫米"，分辨率为 300dpi，色彩模式选择"CMYK"，但如果图案需要用到许多滤镜特效的话，就需要选择"RGB"模式。点击确定完成（图 3-33）。

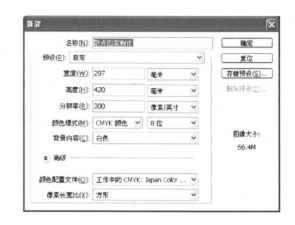

图 3-33　新建文档

2. 设置底图色

如果需要一个背景色，先新建一个"背景图层"将需要的色彩或者质感放到这个图层中（图 3-34）。

3. 图案素材制作

首先将抠选好的各种图案素材（这些素材必须处理成透明底的单独素材）分别导入文档中，制作过程中尽量都分层叠放，方便之后的修改。给图案添加融合选项或其他滤镜效果来融入画面（图 3-35）。

图 3-34　建立背景图层

4. 元素排版

通过【自由变换工具】（快捷键"Ctrl+T"）自由改变图案大小和角度来形成前后层次的不同，完成图案的排版。需要注意的是，如果需要制作可以进行循环排版的图案，图片边缘尽量不要留有太多切割造成的缺损图案，否则容易出现接缝等情况（图 3-36）。

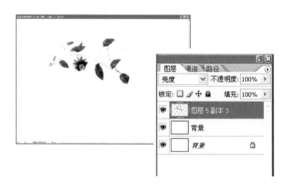

图 3-35　素材制作

图 3-36　元素排版

5. 完成图案

将布局好的素材图层进行"合并图层"（快捷键"Ctrl+M"）为一个散点图案图层待用。

6. 透叠肌理

在完成图案图层后，在该图层做"正片叠底"，在其下面新建一个物料肌理层导入肌理，完成面料的虚拟效果（图3-37）。

设计面料时可以根据意向面料的元素和架构模拟新的纹样设计，然后使用 PS 软件模拟应用效果来制作提案（图3-38）。

设计师在设计好面料之后可以使用软件先期模拟面料细节在服装大身上的尺寸和位置来取得最佳提案（图3-39）。

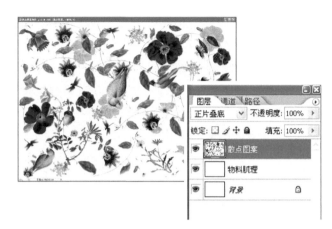

图 3-37　透叠肌理

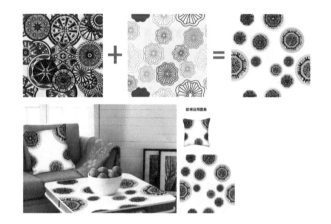

图 3-38　面料设计提案

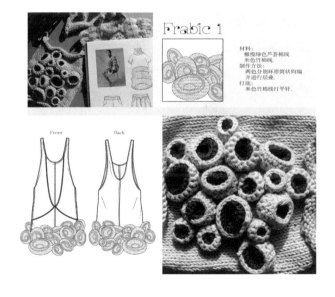

图 3-39　针织面料应用提案 施嘉玮

第四章

面料及辅料设计制作

PLANET
CHIC

The inspiration of this collection named PLANET C
is the new vision and illusion of the new planets.
colors stand for the luxurious galaxy, such as deep
blue, purple and so on. The fabrics are high end, l
leather and silk. The outline are new and symmetric
which is perfect for the collection. Modern and chi
style tells a story for this collection.

PANTONE 713C

PANTONE 5125C

PANTONE 5513C

PANTONE 646C

PANTONE 2758C

在服装设计中，面料及辅料的设计是服装设计的要素之一。服装面料根据组织结构可以分为梭织面料、针织面料和天然（裘）皮革等。辅料则涉及扩展服装功能和装饰服装的必不可少的元件，包括拉链、纽扣、织带、垫肩、花边、饰品、里布、衣架、吊牌、商标、线绳、包装盒袋、印标条码等。

第一节
面料设计制作

在服装与服饰品设计中，图案和纹样主要是以面料和装饰的形式出现。面料设计要注重其组织排列的形式，也适用于裁片的需要，比如图案的多方向性、裁片的图案拼接等。而装饰纹样则要结合其在产品上的位置进行设计，例如衣边纹样、门襟纹样等设计。

就图案和纹样本身而言，其构图形式主要有连续纹样、单独纹样和散点纹样；单独纹样又有对称式、平衡式、中心式及自由式等。

本节内容以品牌文字图案皮革模压效果的设计制作为例来说明面料设计制作的操作方法。

一、Illustrator 纹样设计

1. 新建文档

打开 AI 软件，点击文件菜单，选择"新建文档"选项，弹出"新建文档"对话框，输入名称，设置面板属性，一般大小选择"A4"就足够了，单位选择"毫米"，分辨率为 300dpi，色彩模式选择"CMYK"，点击确定完成（图 4-1）。

图 4-1　新建文档

2. 元素制作

选择合适的字体，输入品牌文字（通常选用企业形象一体化系列VIS中的标准字体），使用文字菜单里的"创建轮廓"选项，将文字变成可编辑图形；使用对象菜单里的取消编组选项，将文字图形分开（图4-2）。

图 4-2 将文字转换成图形

3. 元素排版

点选需要修改的文字，在"变换"对话框中输入具体实际数据进行文字大小设置；然后通过复制、翻转和对齐等操作，将单独的文字排列成单元组，选中单元组内的所有文字进行"编组"操作，方便以后的排列组合，此时也可以通过"变换"对话框设置单元组的大小尺寸。

4. 精准复制

最后对单元组进行排列，一般使用等距离平移复制的方法，即选中要复制的单元组后，按"enter"键跳出"移动"对话框，在对话框的"距离"选项中输入单元组之间的距离数据；在"角度"选项中输入水平（180°或0°）或垂直（90°或270°）来平移复制；当然也可以输入任意角度复制。最后以1∶1的大小排成面料组合，完成品牌文字物料的设计（图4-3）。

5. 尺寸标注

最后根据数据为物料进行尺寸标注，直接进行标注编辑即可，注意需要标注明确单个文字的大小，挑选其中几个即可，再标明总的长宽，最后完成标注尺寸编辑（图4-4）。

6. 制作工艺标注

完成精准数据的设计方案之后，需要在设计稿相应位置用文字标注制作工艺技术，可以用PS软件来模拟未来成品的效果。

 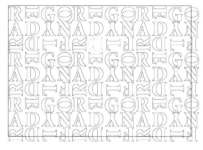

图 4-3 纹样编辑　　　　　　　　　图 4-4 尺寸标注

二、Photoshop 皮革模压效果

1. 新建文档

打开 PS 软件，点击文件菜单，选择"新建文档"选项，弹出"新建文档"对话框，输入名称，设置面板属性，由于之前制作的 AI 线稿为"A4"大小，所以这里大小也选择"A4"，单位选择"毫米"，分辨率"300dpi"，色彩模式选择"CMYK"，点击确定完成。当然也可根据设计需求来设置页面大小（图 4-5）。

图 4-5 新建文档

2. 导入 AI 线稿

打开之前勾绘好的 AI 线稿，框选线稿执行"Ctrl+C"复制命令，进入 PS 界面执行"Ctrl+V"粘贴命令，选择弹出对话框里的【智能对象】选项，点击确定；调整线稿到适当大小，按回车键确定（图 4-6）。

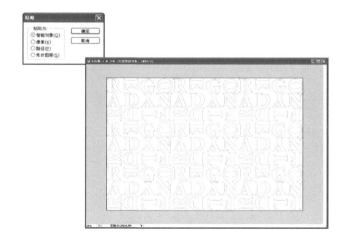

图 4-6 置入线稿

3.填充物料肌理

首先打开物料肌理图片资料,使用【矩形选框工具】框选需要的部分,执行"Ctrl+C"复制命令,然后使用【魔棒工具】选择压印文字部分,执行"Ctrl+Shift+V"贴入命令,填充所选物料;同样使用【魔棒工具】选择剩余空白部分,重复上述动作,填充物料肌理(图4-7)。

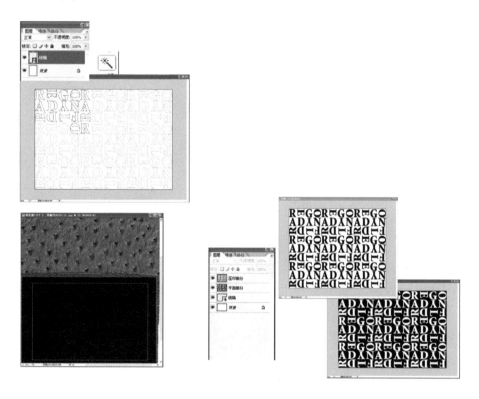

图 4-7　贴入物料

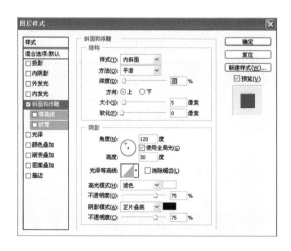

图 4-8　图层效果

4.添加图层效果

对压印部分图层执行"混合选项"里的"斜面与浮雕效果",调整适当的数值,通常深度在 200% 左右,大小在 6 像素左右;注意方向的选择中,要选"下"。对平面部分图层执行"混合选项"里的"斜面与浮雕效果",调整适当的数值,完成最终效果(图4-8)。

5. 面料模压效果

由于纹样内部和图底均使用相同的皮革肌理，所以纹样图层进行浮雕效果处理以后，就呈现出立体凸起效果（图4-9）。

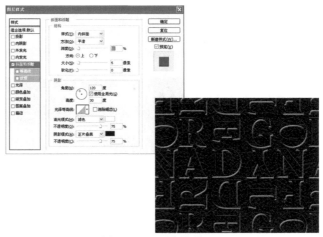

图 4-9 压膜效果

三、面料设计方案赏析

图4-10中的版面包括了系列服装及服饰品，整体色彩及造型构思来自海洋水平面的色彩变化和珊瑚形态。整体构图错落有致、主次分明、色彩统一，模特造型与服装明确地体现了设计概念。

图 4-10 "海洋"主题服装及服饰品设计（沈蔚如）

　　图 4–11 采用中式横轴排版手法，色彩儒雅，内容分割清晰且合理，整体效果完整精确地体现了设计主题和设计概念。

图 4-11　"花卉"主题服装及服饰品设计（吴念慈）

　　图 4–12 以平面图案式风格制作，色彩鲜明，产品结构清晰，画面明快，视觉冲击力较强，主题突出。

图 4-12　"海葵"主题服装及服饰品设计（朱瑜菁）

第二节
部件及辅料设计制作

服装和服饰品常用辅料包括拉链、纽扣、五金紧扣件以及织唛吊牌等，设计师必须学习如何制作可供打样的辅料设计。

一、服装画笔制作与应用

在绘制服装和服饰品过程中，除了常规的缝制线迹之外，还有一些特殊的画笔常常被使用到，下面制作以圆、竖线等为画笔的线条，分别可以绘制服装上订绣的珠片或镂空的孔眼；针织服装下摆和袖口的螺纹；服装常用的三角针、锁口针等线迹。

由于这些画笔基本上都用于比较细微的地方，所以绘制的画笔基准图形要小一点。

（一）珠链线迹

（1）先用【椭圆工具】并按住"Shift"画一个正圆（图4-13）。

（2）运用【画笔工具】，并打开窗口中的画笔框，点击右下角的画笔工具栏中的"新建画笔"，选择"新建散点画笔"。点击确定，出现散点画笔的对话框。再点击确定，新的画笔便添加好了。将刚刚使用过的"画笔基准圆"删除，利用钢笔工具画一条曲线。

（3）点击画笔窗口上刚刚做好的"圆"画笔，刚刚画好的钢笔曲线就会变成如图4-14所示。

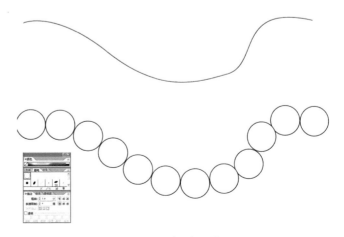

图 4-13　正圆

图 4-14　新建画笔

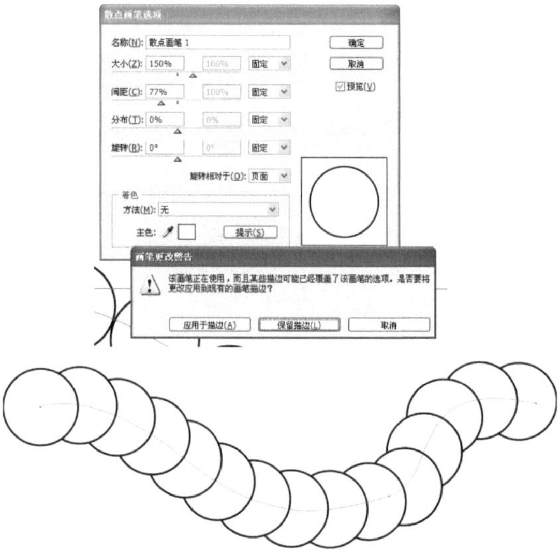

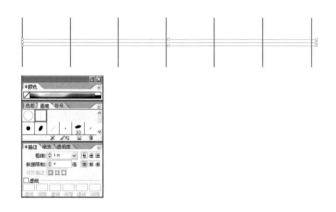

图 4-15　画笔调试

图 4-16　新建画笔

（4）双击在画笔窗口中的"圆"画笔，会跳出图 4-12 中的对话框，在预览选项上打钩，可以改变圆的"大小""间隔"等数据，并可以预览效果，将大小间距都调整到适合的状态时点击确定。

（5）点击确定后会出现图 4-15 中的对话框，点击"应用于描边"即可。

（二）罗纹线迹

（1）利用【钢笔工具】画一条竖直的线段。如"珠链线迹"的步骤，将这段线段添加到画笔，并将"画笔基准竖线"删除。

（2）用【钢笔工具】画出一条直线（曲线亦可），选中它，再选择点击"竖线画笔"应用在这条直线上，双击画笔，在对话框中调整大小与间距，完成制作（图 4-16）。

（三）特殊肌理效果

在服装设计中常常需要绘制特殊材料，比如皮草和针织等效果就需要特殊笔触去实现。

1. 皮草效果

使用【钢笔工具】（快捷键"P"）绘制基本外形；然后在基本工具栏中找到【宽度工具】右下角的小三角点出"晶格化工具"；双击工具图标跳出对话框，可修改其中数据获得合理笔触来绘制皮草效果（图 4-17）。

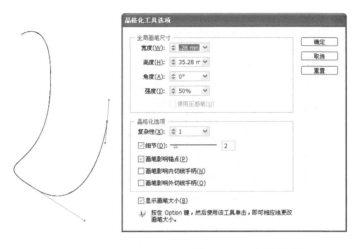

图 4-17　皮草效果

2. 针织效果

绘制针织服装时的轮廓线可以使用曲线画出柔软的感觉，同时在置入针织面料底纹的基础上使用【画笔工具】绘制针织的肌理画笔来表现（图4-18）。

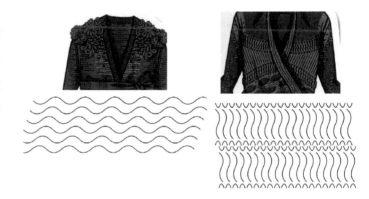

图 4-18　针织效果

（四）花卉四方连续面料制作

（1）运用【钢笔工具】绘制一朵花瓣作为基础造型，也可以是其他造型。

（2）运用【旋转工具】，按住"Alt"键点击鼠标左键来确定旋转中心点，弹出对话框，设定旋转角度为20°并按复制键。随后按"重复上一个动作"（快捷键"Ctrl+D"）来重复花瓣的选中复制（图4-19）。

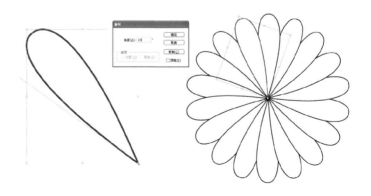

图 4-19　旋转复制

（3）用【直接选择工具】将其选中，用"变换"工具将其大小改为 50mm×50mm。

（4）使用【选择工具】选中这朵花，并按鼠标右键"群组"。

（5）按 Enter 键跳出"移动"键，在距离中输入"50mm"，角度输入"0 或 180"，为向左或向右移动，点击确定为移动，点击"复制"，则会复制出同一图形。

（6）然后选中复制出来的图形，按快捷键"Ctrl+D"为重复上一个动作，即平行复制移动 50mm 的花朵图形；一直按"Ctrl+D"直到形成一排二方连续花型（图 4-20）。

（7）为向上或向下移动，点击确定为移动，点击"复制"，则会复制出同一行图形。

（8）然后选中复制出来的图形，按快捷键"Ctrl+D"为重复上一个动作，即平行复制移动 50mm 的花朵图形；一直按"Ctrl+D"直到形成一个四方连续花型。

（9）全选（快捷键"Ctrl+A"）全部图形，并群组（快捷键"Ctrl+G"）这些图形，使用色彩工具将其设置成外框紫色内为水蓝色的花卉图形。

（10）绘制一个深蓝色的矩形框，并按鼠标右键选择"排列"将其置于底层。完成面料效果（图 4-21）。

（11）这种制作方法也适合各类图案素材的各种角度的连续纹样制作，包括在 PS 中处理成透明底的 psd 或 png 图片素材的使用，以制作精准数据用于制版的纹样。

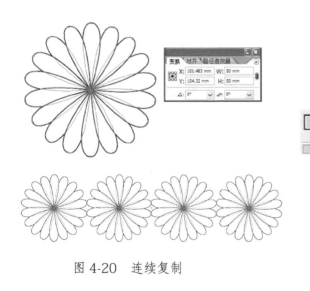

图 4-20　连续复制

图 4-21　填充颜色

二、部件及辅料制作

（一）口袋制作

制作尺寸为 50mm×50mm、下圆角半径为 6mm 的口袋。

（1）新建 AI 文件，分别用【矩形工具】和【圆角矩形工具】结合"变换"工具制作两个 50mm×50mm 的矩形框。

（2）使用【圆角矩形工具】，在页面空白处点击鼠标左键，出现对话框 ，将圆角半径改为 6mm（图 4-22）。

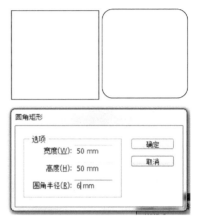

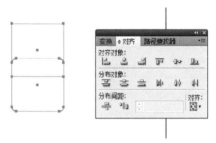

图 4-22 口袋基本型

（3）选中矩形和圆角矩形，运用"对齐"工具来将它们水平居中对齐（图 4-23）。

（4）运用"路径查找器"的联集工具将其合并，并使用"变换"工具将其调整为 50mm×50mm 的大小（图 4-24）。

图 4-23 居中对齐

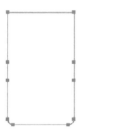

图 4-24 调整尺寸

运用 AI 软件可以绘制多种五金或配件的线稿备用。

（二）纽扣制作

制作扣子的外圈 50mm×50mm，扣子的内圈 48mm×48mm，扣子上的扣眼为 5mm×5mm 的纽扣（图 4-25）。

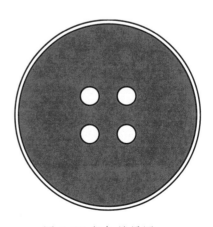

图 4-25 纽扣效果图

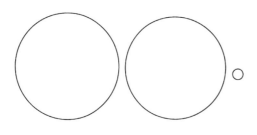

图 4-26　基本圆

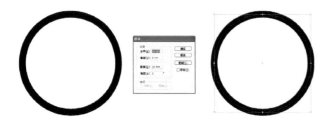

图 4-27　等距离复制（一）

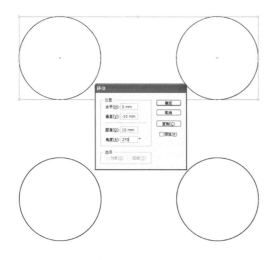

图 4-28　等距离复制（二）

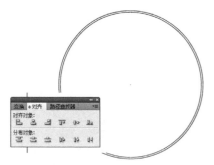

图 4-29　画同心圆

（1）打开 AI 软件，新建 A4 大小文件。

（2）用【椭圆工具】按住 "Shift" 键画三个正圆。用 "变换" 对话框将其大小分别改为 50mm×50mm、48mm×48mm 和 5mm×5mm（图 4-26）。

（3）选中 5mm 的小圆按 "Enter" 键，移动小圆将距离改为 10mm，角度改为 0° 并按复制，形成两个平行小圆（图 4-27）。

（4）选中两个小圆并复制按 "Enter" 键，将距离改为 10mm，角度改为 270° 并复制，完成四个扣眼的绘制，选中四个扣眼按右键选择 "编组" 或使用快捷键 "Ctrl+G" 编组，可使用快捷键 "Ctrl+Shift+G" 来取消编组（图 4-28）。

（5）选中大圆和中圆运用 "对齐工具" 中的水平居中对齐和垂直居中对齐做一个同心圆（图 4-29）。

（6）选中四个小圆的扣眼，将其填充色改为白色，右键选择"排列"中的"置于顶层"来确保它们在最上层（图4-30）。

图 4-30 排序

（7）选中同心圆和四个小圆运用"对齐"将其"水平居中对齐"和"垂直居中对齐"。并选中中圆将填充色改为红色（图4-31）。

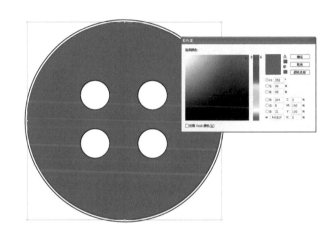

图 4-31 填色

（三）拉链制作

制作一条120mm×20mm的拉链，要求使用"对齐""路径查找器"等工具。要求拉头绘制合理，圆环制作正确。

（1）用【矩形工具】画一个120mm×20mm的矩形框。选中这个矩形框，按"Crtl+C"复制一个新的矩形框，按"Crtl+V"粘贴，并将尺寸改为122mm×22mm（图4-32）。

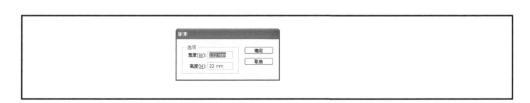

图 4-32 大小设置

图 4-33　虚线设置

图 4-34　居中对齐

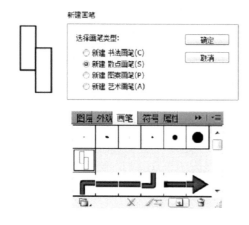

图 4-35　新建画笔

（2）点击窗口栏里的"描边"工具，在其对话框中勾选"虚线"，将较大的外矩形边框改为虚线。通常线条粗细为 1pt 的时候，虚线设置为 3pt，间隙为 2pt，这样设置的视觉效果较合理（图 4-33）。

（3）选中两个矩形框（可框选也可按"Shift"键多选），用"对齐工具"将其"居中垂直对齐"，并"居中水平对齐"。

（4）用【钢笔工具】按住"Shift"键在矩形中间画一条直线，可用对齐工具来核实居中（图 4-34）。

（5）用【矩形工具】，画一个竖长小矩形，按"Ctrl+C"将其复制并按"Ctrl+V"粘贴，要求两个矩形有一定的重叠位置，类似拉链链锁状态。

（6）打开画笔工具栏，选中刚画好的两个小矩形，点击画笔工具栏右下角的"新建画笔"按钮，将这个图形添加到散点画笔，随后删除小矩形（图 4-35）。

（7）用【直接选择工具】选中矩形框中间的直线，双击画笔工具栏上双矩形画笔形，调整其大小与间距并点击确定，应用于描边，做好拉链的"链身"部分（图 4-36）。

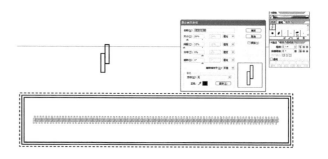

图 4-36　拉链拉身

（8）用【直接选择工具】（快捷键"A"）将拉齿的部分缩短，随后用矩形工具画一个与链身同宽的矩形，并点击画笔工具栏下方的"移去画笔描边"。

（9）点击"视图"中的"显示标尺"，从标尺位置拉一根垂直的辅助线出来作为居中辅助线，然后运用钢笔工具画半个拉链头造型（图4-37）。

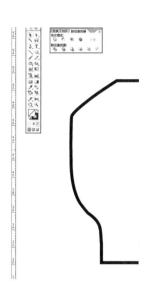

（10）运用工具栏中的【镜像工具】，按住Alt键，用鼠标点击居中辅助线作为镜像垂直轴，出现镜像对话框，选择"垂直"并复制，绘制出拉链头。

（11）用矩形工具在拉链头上画一个小矩形，填充色改为白色。

（12）用【椭圆工具】按住"Shift"键画一个正圆，"Ctrl+C"复制并粘贴，将这个复制的圆选中按住"Shift"键等比例缩小。

图4-37 拉链头

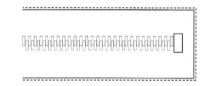

（13）选中这两个圆，用对齐工具将其水平居中、垂直居中对齐。

（14）从窗口栏中选择【路径查找器】，选中这两个小圆，将其减去顶层使其成为一个圆环，并将其填充色改为白色（图4-38）。

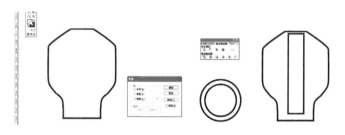

（15）将小环放到拉链头上，用直接选择工具选中拉链头上的小矩形，点击鼠标右键，将其排列置于顶层完成拉链头（图4-39）。

图4-38 拉链头

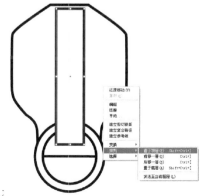

图4-39 完成拉链头

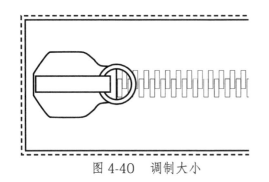

图 4-40　调制大小

（16）用【选择工具】（快捷键"V"）选中这个拉链头，将其群组并旋转270°或90°，再将其拖至拉链上，调整大小，使其与拉齿的宽度相适合（图4-40）。

（17）用【矩形工具】在拉链头上画一个拉牌，填充为白色，边框为黑色。

（18）在拉牌上用椭圆工具按住"Shift"键画一个小圆作为固定用金属钉，再用【钢笔工具】在中间拉一条虚线，作为车缝线（图4-41）。

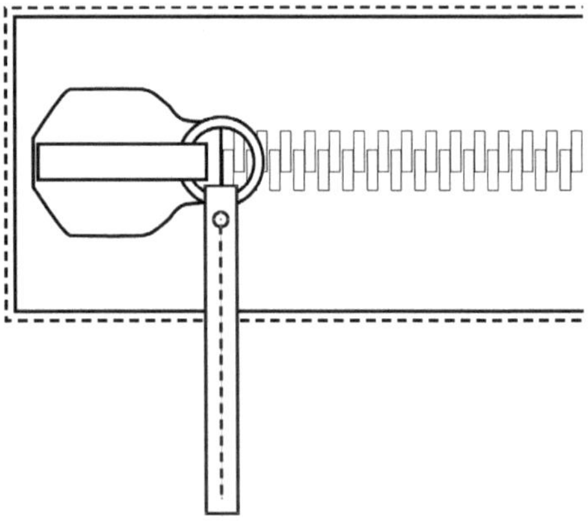

图 4-41　完整稿

（四）锁扣

1. 款式线稿

在 AI 中绘制五金造型的线稿，程序同"拉链制作"的方法。

2. 导入线稿

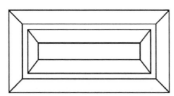

将AI中的线稿全选，按"Ctrl+C"复制，打开 PS 软件，新建文档，然后按 "Ctrl+V"粘贴，会弹出"粘贴"的对话框，选择"智能对象"点击确定，调整大小之后回车导入线稿（图 4-42）。

图 4-42　置入线稿

3. 效果制作

在线稿层使用【魔棒工具】选择需要填色的部分，新建图层，使用快捷键"Alt+Delete"填充前景色到该层（图4-43）。

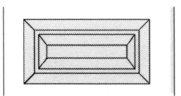

图 4-43　效果制作

4. 金属效果

为色彩图层添加"图层样式",选择"斜面与浮雕"选项,调整光泽等高线为金属质感,通过"预览"确定效果,调节"深度"数据在 300dpi 以上,"大小"数值调至合适效果。最后点击确定完成简单的五金效果制作(图 4-44)。

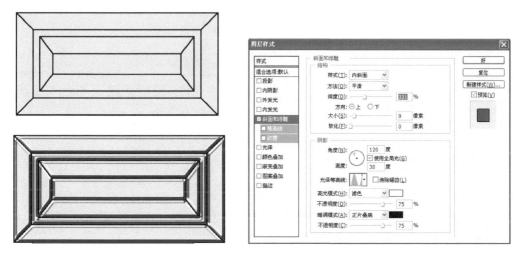

图 4-44 填色做效果

(五)拉牌设计制作

1. 款式线稿

在 AI 中绘制至少三个角度的 1∶1 拉牌造型的线稿,同时标注尺寸。

2. 模拟效果

在明确其制作工艺的前提下,可以使用 PS 在意向效果实物图片的基础上制作仿真效果指导打版,这种手法对设计师的绘画技术要求较高(图 4-45)。

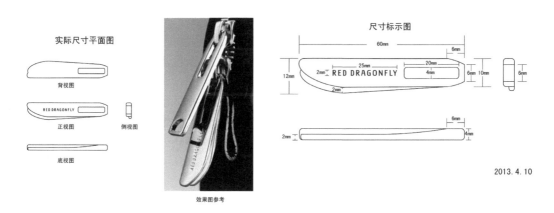

图 4-45 拉牌设计制作

图 4-46　织唛吊牌线稿

（六）织唛吊牌设计制作

织唛吊牌是服装产品设计中不可缺少的内容。虽然它属于平面设计的范畴，但是服装设计师如果掌握了它的设计方法，对于服装的整体设计效果会有更直观的表达。

1. 款式线稿

在 AI 中绘制正反面 1∶1 吊牌织唛造型的线稿（图 4-46）。

2. 色彩效果

织唛吊牌通常不需要做仿真效果，只需要在 AI 文件中填色示意即可，如确定需要可以参考潘通印刷色彩以确保色彩写真度。

3. 设计说明

标注规格尺寸、材料要求和工艺要求。如果局部有特殊工具需要特别注明（图4-47）。

图 4-47　色彩效果

第五章

设计工艺图制作

PLANET

CHC

Top

Vest

Skirt

Pants

Dress

　　服装及服饰品的工艺技术图（款式图）对于设计的实现是至关重要的，它要求比例合理，细节清晰，需要标注相应的尺寸和工艺技术要求。

　　设计师使用 AI 软件绘制可以编辑的服装或服饰品款式图，有利于精准化考虑设计细节的比例、线条等视觉美感和制作的合理性。

　　对于初学者而言，从描摹实物开始学习工艺技术图绘制是较为便利有效的。设计师可以在平时通过实物描摹来学习体会如何绘制可以直观地表现产品的造型和工艺技术；也可以积累一些典型的可编辑的款式图用来修改，从而节约绘制款式图的工作时间而提高效率。

第一节
设计稿件处理

　　设计师确定设计构思后需要绘制专业的正式设计方案，以便与制作部门沟通协调来共同完成产品设计。

一、手绘图稿处理

　　传统的原创服装与服饰品设计提案多为手绘稿件，需要进行基本处理制作成电子文件，以便使用现代网络工具进行交流沟通。

（一）手稿扫描

　　手工绘制的设计草稿件多由铅笔、针管笔或麦克笔绘制，图稿背景有可能比较庞杂或有设计师随意绘制的构思，可以通过计算机软件处理成较为正式的稿件。

（二）图稿处理

　　（1）PS 处理是将图稿扫描进 PS 软件，使用 Ctrl+L 调整对比度来使之更加清晰，并可以使用画笔来修改细节或使用橡皮擦工具清洁画面。

　　（2）AI 处理是将扫描好的手稿"置入"到 AI 页面，"嵌入""实时描摹"可以得到类似手绘效果的 AI 可编辑的矢量图线稿（图 5-1）。

手绘稿　　实时描摹　　矢量图

图 5-1　手稿处理成矢量图文件

　　当然,设计师也可使用计算机手绘板来直接绘制设计图稿,这些图稿可以直接使用。

二、实物照片修改

　　在实际的服装或服饰品产品设计中,设计师会基于上一季畅销款式来进行修改而提升设计。对于这些在现有产品基础上修改款式细节和材料色彩的产品设计,通常需要拍摄实物图片以供修改。

(一)拍摄实物

　　对于记录性产品摄影,我们尽量选取平视拍摄角度,至少拍摄产品的 4 个角度和各个细节,以备以后选取使用。一般从正面开始拍摄,以 45° 角的旋转角度各拍摄一张图片。

(二)后期处理

　　由于拍摄环境和摄影技术的影响,拍摄出来的产品图片必须经过 PS 软件后期处理来校对色彩、处理背景或者突出细节。

第二节
服装工艺技术图

一、服装款式图绘制

本节以男装夹克为案例来演示实物产品款式图的绘制和修改，该步骤也适用于绘制较精准的手绘款式图稿电子文件化。

图 5-2　平铺拍照

（一）拍摄图片

由于服装为可平铺的立体产品，所以为了呈现服装被穿着的视觉效果，拍摄者会将服装穿在对应尺寸的人台上或在身体和手臂部分加入透明的填充材料平铺再进行拍摄（图 5-2）。

（二）数据管理

（1）为了使服装各部件的比例合理，绘制款式图时尽量绘制 1：1 的图稿，然后再等比例缩小图稿。

（2）使用皮尺测量肩宽、衣长和细节等数据待用。例如，图 5-2 实物肩宽为 48cm，衣长 70.6cm。

（三）图片处理

（1）打开 AI 软件，并新建文件，设置好参数。

（2）点开文件栏，选择"置入"文件夹中拍摄好的服装正面图片。页面上部工具栏出现对话框，选择嵌入图片，如果不嵌入的话，该图片没有真正置入到该文件，在更换计算机以后就不能显示该图片。

（3）将 AI 软件的左下角工具栏中的色彩设置成红色边框格式，如图标 。

（4）使用【方框工具】绘制一个方框，并调整尺寸为服装肩宽和长度的比例。使用【选择工具】框选这个方框，在页面上部工具栏的尺寸栏处设置数据，将图片调整为 1：1 尺寸（图 5-3）。

图 5-3　调节比例

（四）款式绘制

（1）打开窗口中的图层对话框，新建图层并锁住第一个图稿层（图 5–4）。

图 5-4　图层设置

（2）打开"视图"中的"标尺"工具，勾选"显示标尺"。由于服装多为左右对称。所以需要用鼠标从标尺处拉出一条辅助线放在服装的居中位置（图 5–5）。

图 5-5　拉辅助线

图 5-6　绘制步骤

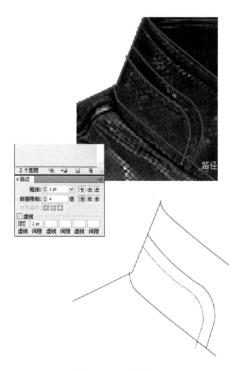

图 5-7　虚线

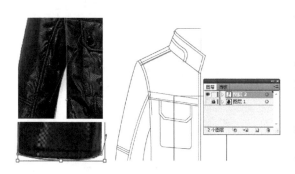

图 5-8　绘制步骤

（3）使用【钢笔工具】从衣领中心位置开始绘制服装款式（图 5-6）。

（4）在绘制过程中，注意要按服装部件顺序完成，例如，先绘制完衣领部分再绘制大身部分，最后再绘制衣袖部分。

（5）注意转角曲线，平行线采用复制的方式制作，以确保分割线和缝制线完全平行，先用【剪刀工具】（快捷键"C"）剪出需要复制的部分线段，按住 Alt 键拖动该线段到需要位置（也可设置具体平行距离，详见口袋做法）。

（6）使用【直接选择工具】框选节点并移动至相应位置，注意线的闭合要完整。

（7）在绘制款式图的时候，不需要和照片完全一致，而是要根据服装合理事实关系去绘制，并去除服装实物褶皱的视觉影响。

（8）使用【选择工具】选中其中一条线段，打开窗口中的描边对话框，勾选虚线，设置虚线为3，间隙为2（图 5-7）。

（9）相同性质的线可以先用【选择工具】选中，然后使用【吸管工具】点击意向性质的线条即可。

（10）在绘制款式的时候要求灵活掌握曲线的画法，可使用曲线手柄进行调节，单向调节按住"Alt"键调节手柄。

（11）在图层2中绘制款式图，中间可以关闭图层1的"眼睛"图标来查看线的绘制情况（图 5-8）。

（五）细节绘制

（1）使用【方形工具】中的【椭圆工具】绘制按扣，设置【色彩模式】为红框白底，右键点击对话框，选择"排列"，并"置于顶层"。

（2）用【选择工具】选中"按扣"按住"Alt"键拖动复制至相应多个位置，然后按住"Shift"键选择多个选项，在页面上部的【对齐工具】中选择居中对齐（图5–9）。

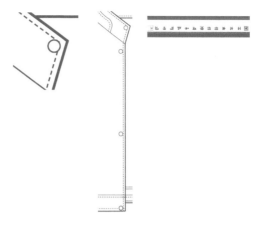

图 5-9　绘制纽扣

（3）做口袋时要求先做好再以一定的倾斜角度置于相应位置。确定口袋尺寸为180mm×30mm；绘制一个长方形，并复制一个，修改数据为182mm×32mm，设置为虚线。

（4）使用【选择工具】框选两个形状，进行"横向居中"和"纵向居中"。

（5）使用剪刀工具剪出袋口宽度线段，选中并按"Enter"键，跳出"移动"对话框，输入数据"距离"10 mm，设置复制下移，角度为–90°，形成插袋开口线，并绘制缝线。此方法同样适用于其他部位需要设置数据的平行线条。

（6）将口袋图形群组（快捷键"Ctrl+G"），旋转至合适角度放置在服装款式图中完成（图5–10）。

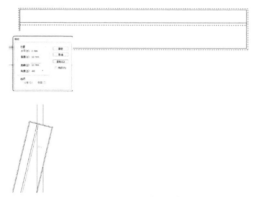

图 5-10　口袋绘制

（六）完成款式绘制

（1）使用上述同样的手法完成服装半边款式，检查细节闭合情况，并将外轮廓线设置为2pt，内向设置为1pt，最后将全部线条群组完成（快捷键"Ctrl+G"）（图5–11）。

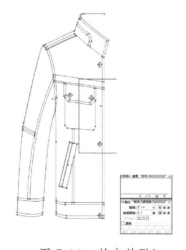

图 5-11　检查并群组

（2）使用【旋转工具】中的【镜像工具】按住"Alt"键点击对称辅助线，出现【镜像对称轴】对话框时，选择垂直并复制（图5-12）。

图 5-12　对称复制

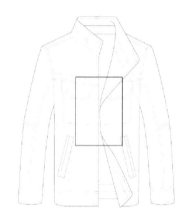

图 5-13　图片 1∶1 比例

（3）根据服装照片修改不对称部分的线条，完成 1∶1 的服装款式绘制。虽然大多数服装不需要该尺寸的款式图，但是这种方法有助于服装设计初学者结合制板知识记住服装常规的部件尺寸（图5-13）。

（七）图稿输出

（1）框选绘制好的款式线条，群组并等比例缩小至 A4 大小的页面之中。

（2）置入服装背面款式图，复制正面款式图，参照照片修改完成背面图（图5-14）。

图 5-14　修改背面图

（3）框选全部线稿，关闭图片图层，设置【色彩模式】，完成款式图（图 5-15）。

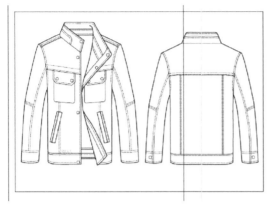

图 5-15　完成图

（4）绘制 A4 大小方框，框住款式图，在文件栏里选择"导出"，选择"jpg"，修改文件名，点击保存时，会出现对话框，品质设置成"高或最高"分辨率设置为"高"，即 300dpi，完成款式图绘制。

服装设计必须对局部细节作详细精准的绘制，其中包括服装基本部件、常用五金辅料、常规针法线迹等，通过科学合理的流程绘制这些细节来完善设计工艺图。

二、设计修改款式图

(一)AI 填充面料或色块

（1）设计线稿完成之后，有时候需要在 AI 文件中填充物料或者色块来做基础设计构思。

（2）由于在 AI 文件中填充必须是闭合路径，而我们使用的是描绘的方式，线段之间不是真正闭合的，所以必须先将需要的部件线条闭合。将计划填入面料的部件相关线条复制出来，使用【剪刀工具】（快捷键"C"）将多余线段剪出删除。

（3）使用【直接选择工具】（快捷键"A"）选中相连的节点，按鼠标右键出现对话框并"连接"，将其连接成一个闭合部件图形。

（4）将该闭合图形放置在面料图片之上，这个图案可以是面料的图片，也可以是在 AI 中绘制的纹样，如果是 AI 纹样则必须群组处理。

（5）将闭合部件图形排列放置在面料图片上面，同时选中两个图形，按右键出现对话框。

（6）选择"建立剪切蒙版"，将会出现衣片形状的面料，将该图形放入相应位置，右键选择"排列"，将其"置于底层"（图 5-16）。

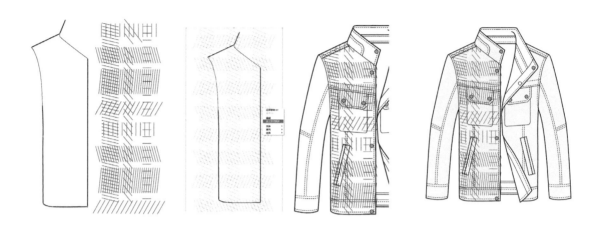

图 5-16　AI 图形填面料　　　　　　　图 5-17　AI 文件填料

（7）使用同样的方法，填入色块或者面料，但是这种效果一般不是很直观而且较浪费时间，故不推荐（图 5-17）。

（二）修改款式

（1）框选绘好的正面款式，按住"Alt"键拖动复制出多个款式图，以备修改使用。

（2）选中不需要的款式线条，用"Delete"键删除，再绘制上新设计的结构细节线条，可以使用此方法设计出多个款式，如制作正稿则需要标注详细的设计说明（图 5-18）。

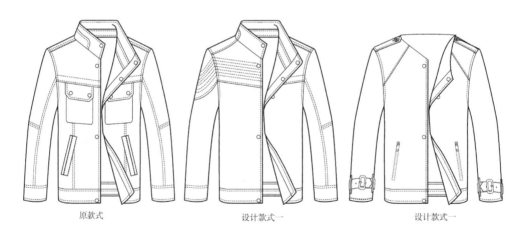

原款式　　　　　　设计款式一　　　　　　设计款式一

图 5-18　款式图修改设计

第三节
服饰品工艺图

一、皮具三视图绘制

（一）新建文档

　　打开 AI 软件，点击文件菜单，选择"新建文档"选项，弹出"新建文档"对话框，输入名称，设置面板属性，一般大小选择"A3"或"A4"，单位选择"毫米"，点击确定完成。

（二）导入照片

　　（1）将照片导入新建文档中，由于需要绘制 1：1 的线稿图，在锁定图片所在图层之前，必须先用矩形工具画一个与包身尺寸相当的矩形。

　　（2）然后将图片缩放到与该矩形差不多大小，初步确定 1：1 的尺寸（图 5-19）。

　　（3）然后以该矩形的中心点为基准，拉出一条辅助线作为中线。最后锁定该图层，防止描绘时错选图片。

　　（4）最后重新建立"图层 2"，在新建图层上绘制线稿。

图 5-19　做 1：1 框架

（三）绘制单边线稿

　　（1）点击工具栏中的【钢笔工具】，将色彩模式设置成橘色线框以方便绘制识别。

　　（2）点击初始锚点，根据轮廓开始描绘单边的线稿，先绘制包款的大致轮廓，要求将包款的结构描绘清晰，不能完全按照照片来绘制，因为是全正面，必须保持图形原本的正面形状，尺寸上必须根据实际的尺寸，最后输入数据确定（图 5-20）。

图 5-20　绘制外轮廓

（3）绘制完大致轮廓，开始添加细节部分，比如缝线。画缝线时，为了保持与外边平行，选中需要移动的轮廓线，单击回车跳出"移动"对话框，输入需要移动的距离，单击"复制"按钮完成线的复制，然后切除多余线段。

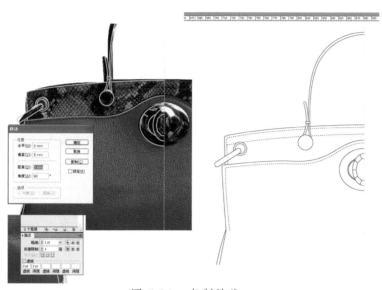

图 5-21　复制缝线

（4）在"描边"对话框中点选"虚线"选项，输入相应数值，一般第一格设置"3pt"，第二格设置"2pt"，以此完成缝线细节的绘制（图 5-21）。

（四）完整线稿绘制

（1）完成半边线稿绘制后，选中需要翻转的部分，点击工具栏上的【镜像工具】，按住"Alt"键，点击中线位置，设定翻转点，单击左键，弹出"镜像"对话框，选择"垂直"翻转选项，点击"复制"完成对称操作（图 5-22）。

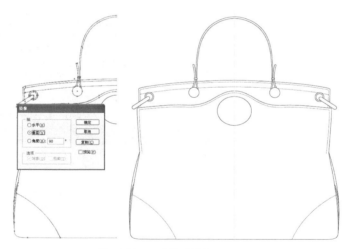

图 5-22　对称复制

（2）需要单独绘制的五金，可以单独截取出来进行绘制，最终一起放置于适当位置即可。

（3）完成包款绘制，最后将线条色彩改为黑色（图 5-23）。

图 5-23　完成线稿

（五）完成各角度的绘制

（1）重复之前的步骤，完成正侧面、底面和背面的线稿绘制（图5-24）。

（2）如果是不对称图形，需要单独绘制。对于常规皮具而言，正面与背面一般是一致的，可以进行复制操作，不同的地方单独修改即可（图5-25）。

图5-24　完成三视图　　　　　　　图5-25　不对称侧面

（六）细节部分绘制

（1）三视图绘制中，一般还需要将特殊的细节部分进行多视图绘制，如五金锁、特殊拉链扣等，可以通过绘制包款的步骤进行绘制。

（2）细节大小的数据必须根据实际尺寸来输入完成（图5-26）。

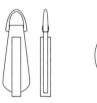

图5-26　五金配件

（七）三视图排版

（1）完成所有各个面的线稿绘制后，必须将三视图进行排版，如图5-27所示，正视图放左边，下方为底视图，右侧为侧视图，如果有后视图，可以放在侧视图右边，细节部分的视图可以放在其他空白位置。

（2）所有的视图中，相应位置的物品，必须在同一平面上，如五金、手挽、金属环等，如图5-27中红线所示，所有物品位置一一对应，如果有些部分不准确，可以进行个别细节调整。

（3）最终完成的三视图线稿，在给到制板部门制板时还需要标注相应部位的材质和工艺要求（详见案例赏析）。

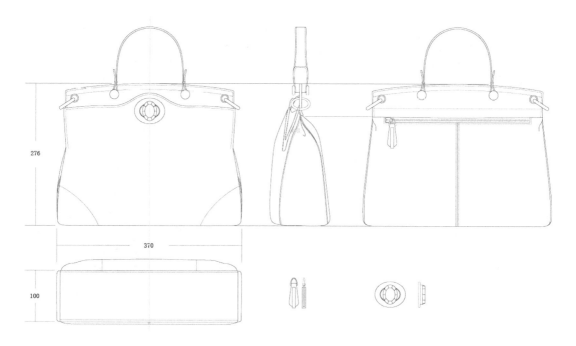

图 5-27　最终三视图

二、鞋靴工艺绘制

（一）绘制设计稿

同皮具工艺图流程。

（1）扫描手绘设计稿，存为 jpg 图片导入新建文档中，将图片放置在合适位置并锁定该图层，然后新建一个图层用于绘制 AI 线稿。

（2）绘制线稿，点击工具栏中的【钢笔工具】根据手稿图绘制线稿。

（3）由于鞋靴多绘制正侧面或 3/4 侧面，所以不需要设置居中线。绘制完大致轮廓，需要添加细节部分。

（二）标注设计说明

（1）在跟高、鞋带宽度等关键部位要标注尺寸，并标注材料和意向色彩。

（2）鞋靴的楦型是设计的基本造型依据，所以在鞋靴的工艺设计图中要特别制作鞋楦的各个角度来展示鞋子的整体造型，可以选择三视图也可选择特殊角度来展现（图 5-28）。

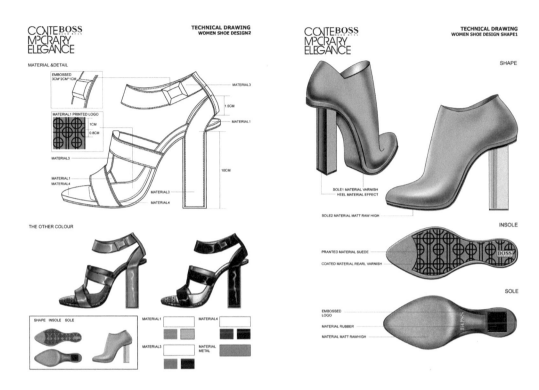

图 5-28　女鞋设计效果图

第四节
图形设计工艺图

本节以矢量图案素材方案的设计为例讲述具体的操作步骤。

一、设计图稿绘制

在提案制作时，往往先通过手工绘制草图的方法来简单地确定设计的大致图形。

1. 绘制草图

草图可以是由设计师原创绘制，也可以参考现有的图案进行修改绘制，完成草图后再运用复写台绘制正稿。然后将画好的草图扫描存档，为之后的软件绘制做准备。

图 5-29 中的蝴蝶是个对称的图形，所以在草图绘制时画出中轴线，就仅需绘制半边图案即可。

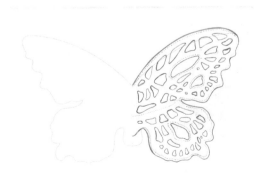

图 5-29　绘制基本廓形

2. 新建文件

在 AI 中新建一个文档，将扫描的手稿图片导入文档，并锁定所在图层，然后在上层"新建图层"。

3. 对称线设置

在绘制对称的图形时，必须先设置辅助线作为对称的中心线。

二、电子图稿绘制

1. 绘制矢量线稿

使用【钢笔工具】在新图层中根据手稿描绘图案（为了方便勾图这里将线条颜色改为红色的线）。

2. 镜像复制

勾完线稿之后用【选择工具】全选，使用【镜像工具】，按住"Alt"键，点击左键选择对称中心，弹出【镜像工具】对话框，选择"垂直"选项，点击"复制"，完成翻转操作。

3. 完成纹样素材

通过镜像翻转复制，使蝴蝶成为一个完整的图形，最后将线条颜色改为黑色，完成矢量线稿的制作（图 5-30）。

图 5-30　完整线稿

三、工艺方案绘制

1. 制作多种方案

为了符合图案运用的需求，根据不同的制作工艺和运用地点，可以改变原设计图案的分布与形状来满足要求。比如，对于镂空和压印工艺，图案中的镂空部分的间隔距离不能过密，一般最接近的部分不能少于3mm，防止在镂空时断线破损（图5-31）。

图 5-31　简化结构

2. 图案应用方案

（1）设计打样稿

在发给厂家制板之前，需要完成有设计说明的实际制板尺寸的 AI 格式文件（图5-32）。

（2）稿件存储

为确保文件可以使用，需要储存较低版本的 AI 格式文件。另外需要导出 300dpi 的 A4 大小 jpg 格式的设计正稿供打印（图5-33）。

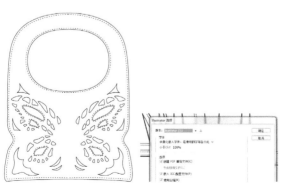

图 5-32　储存格式

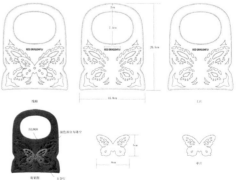

图 5-33　导出图片格式

四、设计工艺图案例赏析

设计工艺图案例赏析见图 5-34~ 图 5-42。

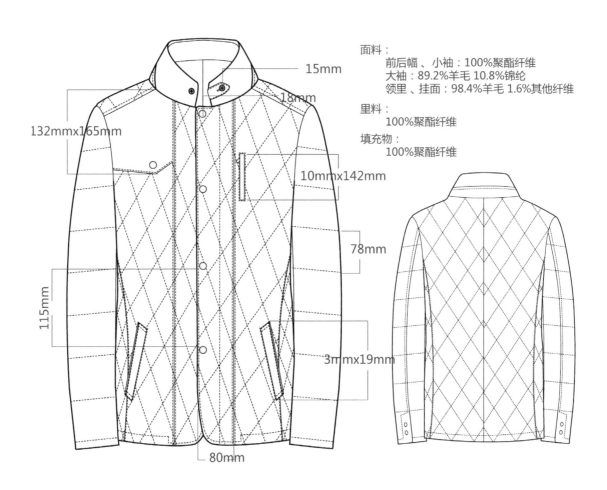

面料：
前后幅 、小袖：100%聚酯纤维
大袖：89.2%羊毛 10.8%锦纶
领里 、挂面：98.4%羊毛 1.6%其他纤维

里料：
100%聚酯纤维

填充物：
100%聚酯纤维

15mm

18mm

132mmx165mm

10mmx142mm

78mm

115mm

3mmx19mm

80mm

图 5-34　夹克设计工艺图

图 5-35　夹克款式图

图 5-36　大衣款式图

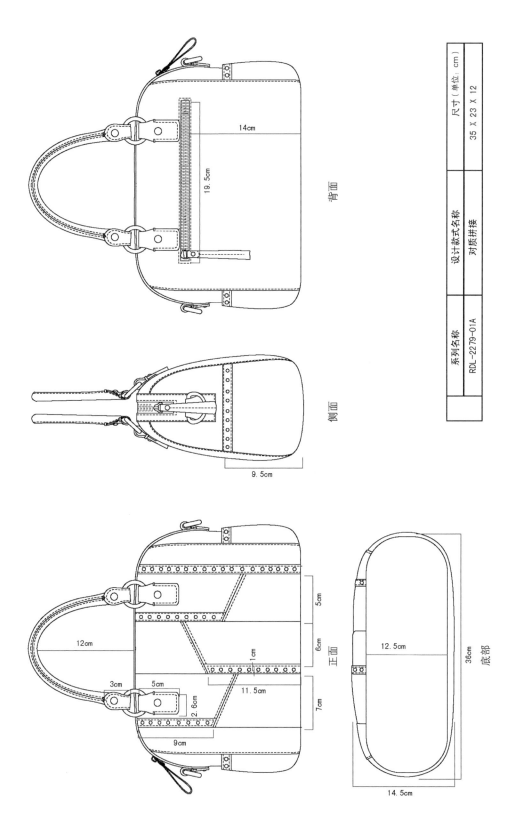

系列名称		设计款式名称		尺寸（单位：cm）
RDL-2279-01A		对质拼接		35 X 23 X 12

背面

侧面

正面

底部

图 5-37 手提包设计工艺图（一）

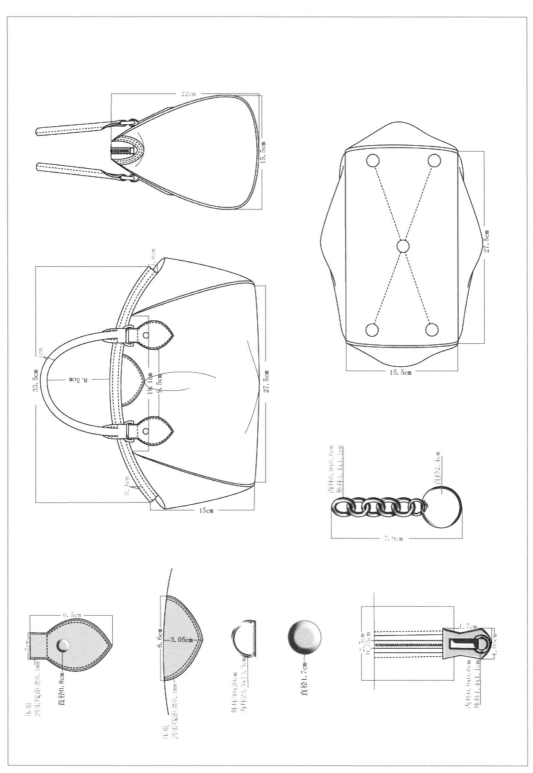

图 5-38 手提包设计工艺图 (二)

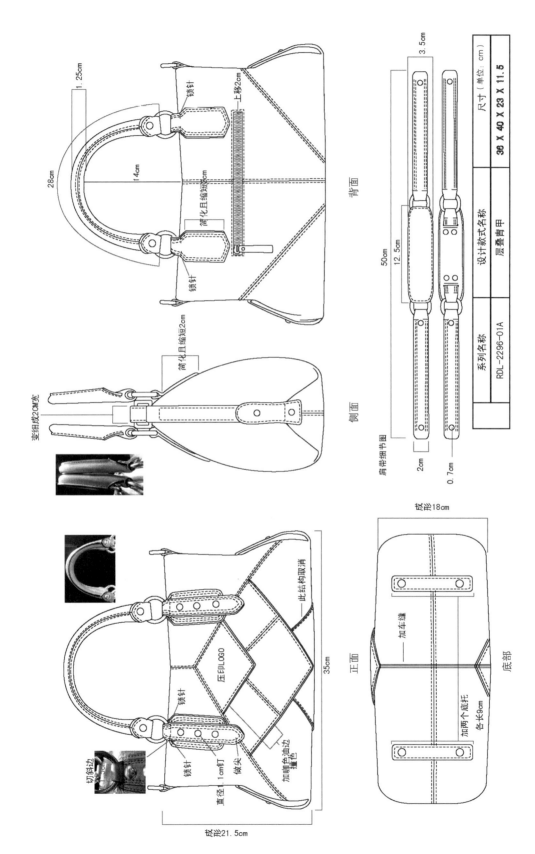

系列名称	设计款式名称	尺寸（单位：cm）
RDL-2296-01A	层叠青甲	30 X 40 X 23 X 11.5

图 5-39　手提包设计工艺图（三）

TECHNICAL DRAWING
WOMEN SHOE DESIGN4

MATERIAL &DETAIL

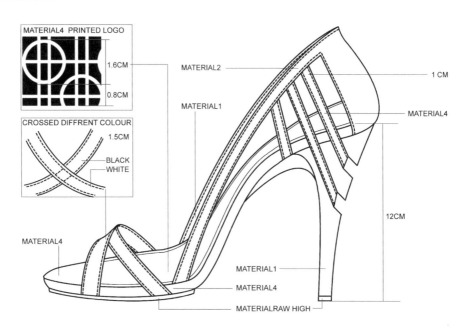

MATERIAL4 PRINTED LOGO

1.6CM

0.8CM

CROSSED DIFFRENT COLOUR

1.5CM

BLACK
WHITE

MATERIAL4

MATERIAL2

MATERIAL1

1 CM

MATERIAL4

12CM

MATERIAL1

MATERIAL4

MATERIALRAW HIGH

THE OTHER COLOUR

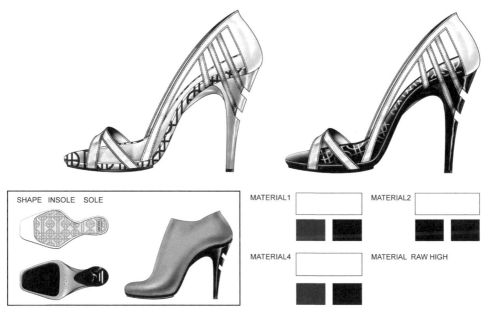

SHAPE INSOLE SOLE

MATERIAL1　　　　MATERIAL2

MATERIAL4　　　　MATERIAL RAW HIGH

图 5-40　女鞋设计工艺图

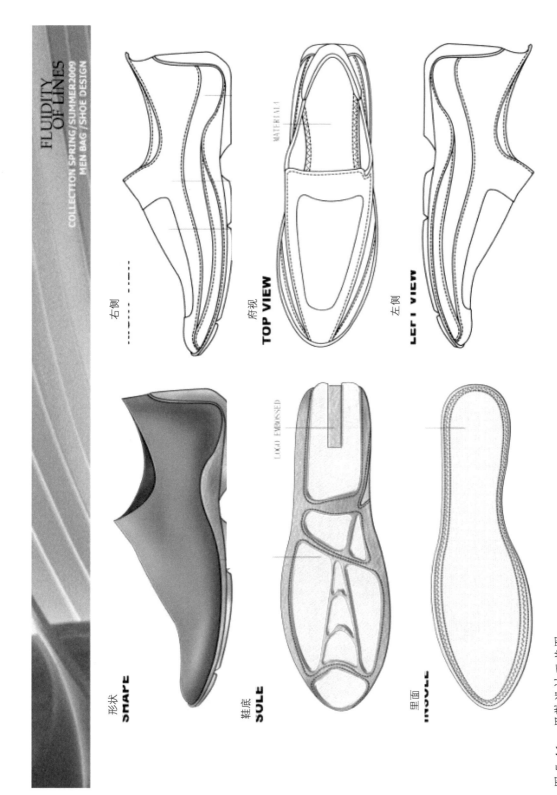

图 5-41　男鞋设计工艺图

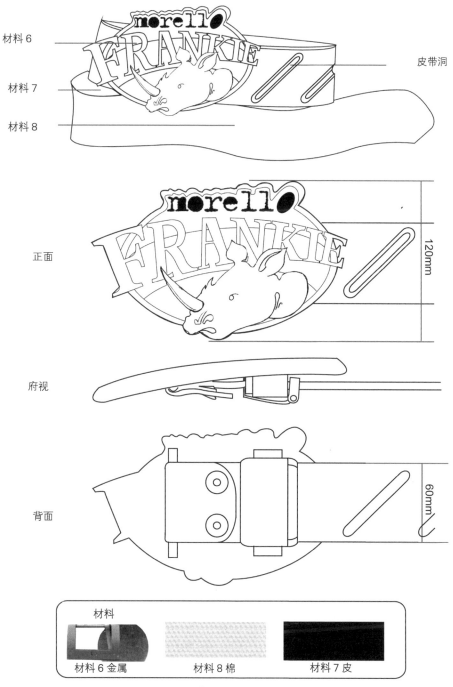

图 5-42　腰带设计工艺图

第六章

效果图绘制

　　效果图是设计师对新产品外观形态等诸方面的准确、直观表现，是品牌管理人员和设计部门确定选样的依据。

　　效果图一般以写实手法来表现，运用彩色铅笔、水粉或计算机准确地绘制出产品的外形、结构、规格、材料及工艺形式，以此作为工艺师制作参照的标准。在绘制效果图时，还要注意不同材料质感的表现方法。

　　目前由于计算机技术的高度普及化，使用电脑扫描技术可以真实还原物料效果并且替换物料十分方便。方法一是使用 AI 软件直接绘制面料效果或导入面料图片在 AI 文件中填充；方法二是在 AI 软件中绘制完款式后，复制粘贴矢量线稿到 PS 中填充面料做虚拟写实效果。

第一节
服装效果图

　　服装产品在设计评审之前可以通过软件模拟实际材料的效果。以下内容以第一种方法为例讲解。

一、图层说明

　　这种方法的关键在于图层的设置，通常由下至上分为线稿层（该图层为制作选区用，不可绘制任何东西）、物料层（不同位置的物料可填充在这一层，无需分开，如要另配物料可设置物料 2 层）、阴影层（要求正片叠底使用纯灰色绘制，可根据物料色彩而呈现不同色彩倾向的阴影效果）、高光层和辅料层（直接实物贴图或制作五金效果图的图层）。

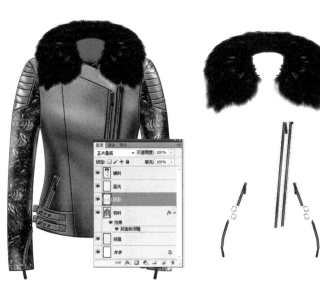

（a）物料层和辅料层

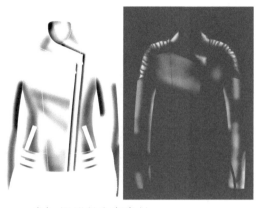

(b) 阴影层和高光层   (c) 线稿层

图 6-1   图层说明图

二、制作流程

1. 新建文档

打开 PS 软件，点击文件菜单，选择"新建文档"选项，弹出"新建文档"对话框，输入名称，设置面板属性，一般大小选择"A4"就足够了，单位选择"毫米"，分辨率"300dpi"，色彩模式选择"CMYK"，点击确定完成（图 6-2）。

图 6-2   新建文档

2. 线稿

打开之前完成的 AI 线稿，全部选中之后复制（快捷键"Ctrl+C"），打开 PS 软件，新建文档，使用快捷键"Ctrl+V"粘贴到空白文档中，弹出"粘贴"对话框，点选"智能对象"选项，点击确定完成，此时线稿导入 PS 软件中，并可以拖动方形外框进行大小调节，点击回车完成导入（图 6-3）。

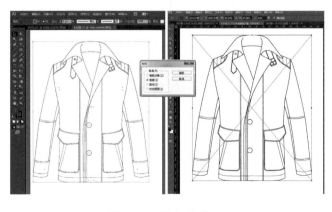

图 6-3   置入线稿

图 6-6 完成面料填充

图 6-7 面料浮雕效果

8. 物料图层的效果

点击图层菜单下的"混合选项"图标，选择"斜面与浮雕"选项，弹出"图层样式"对话框，调节"斜面与浮雕"相关数据，可以查看预览效果，主要调节"深度"数据，让图层有一定的立体效果，点击确定完成效果添加（图 6-7）。

9. 选区设置

在绘制阴影部分前，必须先使用【魔棒工具】在线稿图层上选择需要画阴影的部分，否则可能将周边的线遮盖住或画出线稿之外。区域的选择可根据阴影的分布来进行，能够整块选择绘制的阴影尽量一起选择区域绘制。

10. 阴影绘制

完成选区之后，使用【画笔工具】，调节适当参数，使用黑色来绘制阴影，一般使用较低的"不透明度""流量"来绘制，这样能使阴影更加柔和。画完基本的阴影之后，使用【橡皮擦工具】，调节适当的参数之后，擦出反光部分，阴影太深的地方也能将"不透明度"和"流量"调低，慢慢进行擦减。重复以上的步骤，完成阴影的整体绘制，该图层使用"正片叠底"图层效果来使之与物料效果吻合（图 6-8）。

图 6-8 阴影绘制

11. 毛领处理

选取一张中意的毛料，最好是平铺的照片，在"图像调整"中的"色彩平衡"（快捷键"Ctrl+B"）调试到自己想要的颜色，用以上使用的面料贴入方法复制并贴入到毛领选区，并与面料层合并（图 6-9）。

图 6-9　毛领贴图

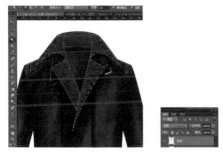

图 6-10　新建毛领图层

12. 新建毛领图层

魔棒在线稿层选区到领子处，复制领子的面料层，新建图层，名为"毛领"，并粘贴。接下来的效果都将在这个图层中完成（图 6-10）。

13. 制作毛领效果

由于毛料与皮料的质感完全不同，因此阴影与高光的画法也不尽相同。亮部与反光效果稍微减弱，暗部阴影相对皮料会比较柔和。毛料的杂乱边缘则可以通过涂抹等工具完成，最后呈现浮雕效果（图 6-11）。在毛领图层下再做一次阴影效果，体现出立体感。

14. 纽扣的制作

纽扣部分一般选择照片复制粘贴。将高精度的纽扣平铺照拖到新建页面，使用椭圆选框工具，按住 Shift，拖动鼠标画正圆选取纽扣部分，复制到衣服的页面粘贴，按快捷键 Ctrl+T 调试大小，拖到相应的地方，最后做上投影效果。

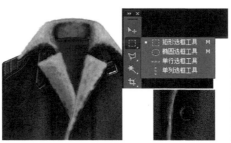

图 6-11　毛领和纽扣特殊效果

15. 高光效果

新建高光图层绘制高光,图层效果设为"变亮",在选定选区使用【画笔】时,调节"不透明度"和"流量",色彩选择白色,先画出高光的大致所在区域,然后使用【涂抹工具】进行涂抹,最后使用【橡皮擦工具】进行修饰(图6-12)。

16. 完成

完成的服装效果图如图6-13所示。

图 6-12 高光效果　　　　　　　　图 6-13　完成图稿

三、服装效果图案例赏析

本系列设计采用平置式,纹样设计表现丰富精致,首饰和鞋包绘制精美逼真,服装设计与服饰品相得益彰,整体风格协调且特色凸显。

图6-14两组版面中,整个系列采用锚的元素,将其应用到纹样和设计细节中;结合模拟品牌元素来展示;服饰产品设计充分,品类合理,效果表现明确清晰。

（a）服装及饰品设计

（b）服装及服饰品的品牌展示

图 6-14　航海主题休闲服装及服饰品设计（张燕）

　　图 6-15 两组版面中的系列以飞溅的海浪和缆绳元素为主要灵感来源，结合模拟品牌设计面料，版面背景纹样凸显主题，服装和服饰品搭配时尚有趣，纹样结合产品延伸变化，整体效果十分完整。

（a）设计灵感及效果图展示

（b）服装及服饰品设计

图 6-15　海洋主题服装及服饰品设计（诸琼梅）

　　海盗主题的中性服装设计采用横纵向版面风格，使用白色描边突出产品，画面明快，元素应用充分且有特色（图6-16）。

（a）设计元素表达

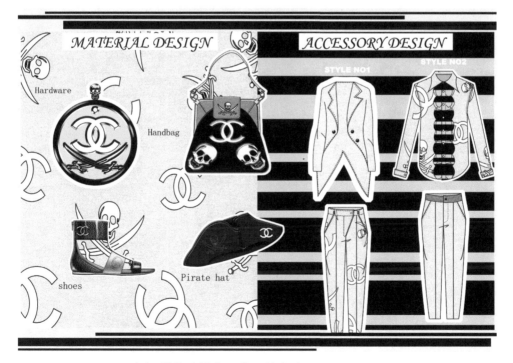

（b）服装及服饰品的品牌表达

图6-16　海盗主题服装及服饰品设计（丁杰）

图 6-17 中的两组版面中系列设计概念性强烈，绘制方式精细准确，版面构图充分结合设计意图，字体设计表现科技光感，面料设计和款式设计具有原创独特性；整体效果直观传达了设计师的意图。

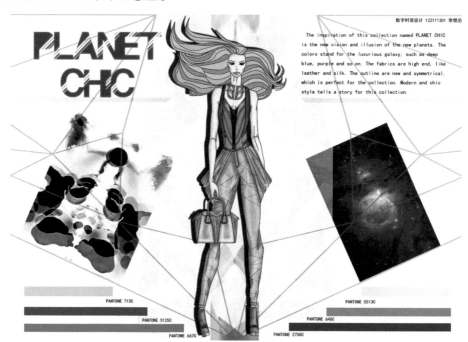

（a）设计意图表达

（b）服装和服饰品设计

图 6-17　星空科技主题服装及服饰品设计（李杰丞）

第二节
服饰品效果图

服饰品包括包袋、鞋靴、首饰、围巾、帽子等。包袋和鞋靴产品的主要材料是天然皮革、人造革、合成革和尼龙等代用材料，这一环节着重表达材料的各种质感及光泽效应。另外首饰品的材质多样，可以使用实物贴图的方式实现。在本节中教授第二种方法。

一、鞋靴效果图

（一）款式绘制

1. 新建文档

建立 A4 大小常规 AI 文件。

2. 导入照片

使用"文件"中的"置入"将鞋靴图片置入新建文档中，并"锁定"图片所在图层，以免描绘时错选图片。然后新建"图层 2"，在此图层上绘制线稿（图 6-18）。

3. 钢笔勾线

打开工具栏中的【钢笔工具】，点击初始锚点根据轮廓开始描绘线稿，一般先从鞋底开始，确定楦型，然后根据结构将鞋面和细节勾画完成（图 6-19）。

图 6-18　置入图片　　　　　　　　　图 6-19　勾线稿

4. 细节勾画

点击"描边"对话框右上角的小三角，选择"显示选项"调出"虚线"菜单，勾选虚线，设置虚线长度和间距，一般设置"3pt，2pt 间隔"。使用虚线描绘缝线部分，完成最后的细节描绘（图 6-20）。

5. 完成线稿

在图层对话框中将图片图层隐藏，只留下线稿部分，全选线段选择将调色盘选为黑色，完成最终的线稿（图 6-21）。

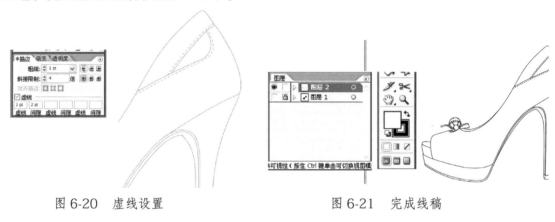

图 6-20　虚线设置　　　　　　　　　图 6-21　完成线稿

（二）绘制

1. 新建文档

打开 PS 软件，点击文件菜单，选择"新建文档"选项，弹出"新建文档"对话框，输入名称，设置面板属性（图 6-22）。

2. 线稿

打开之前完成的 AI 线稿，全部选中之后复制，并在 PS 新建文档里粘贴（快捷键"Ctrl+C"和"Ctrl+V"）。弹出"粘贴"对话框，点选"智能对象"选项，点击确定完成，并拖动方形外框进行大小调节，点击回车完成导入（图 6-23）。

图 6-22　新建文档　　　　　　　　　图 6-23　置入线稿

图 6-24　设置图层

3. 命名与基本效果

将导入的智能对象图层改名为"线稿"图层，同时建立"物料""阴影""高光"三个新建图层，顺序如图6-24所示，为了使阴影和高光两个图层能更好地融入效果图，这里为"阴影"图层添加叠放效果"正片叠底"，为"高光"图层添加叠放效果"变亮"。

4. 选区

在线稿层使用【魔棒工具】（快捷键"W"），调整适当的工具参数，选择需要填充物料的区域，建立选区。

5. 物料

在 Photoshop 中打开物料图片，使用【矩形选框工具】框选或按快捷键"Ctrl+A"全选物料图片，并使用快捷键"Ctrl+C"复制，回到新建的线稿文档中，点击"编辑"菜单选择"贴入"命令，或按快捷键"Shift+Ctrl+V"来完成物料的贴入，软件会自动生成图层。由于物料图片大小可能与线稿大小不合适，需要使用"Ctrl+T"自由变换图片的大小形状，调节完成之后双击图片或回车确定（图6-25）。

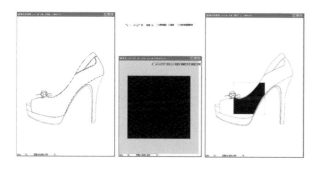

图 6-25　贴入面料

6. 物料填充

如果物料的原始面积较小，可点击工具栏上的【移动工具】（快捷键"V"），按住"Alt"键拖动图片进行复制。将物料图片填充整个选区，由于之前的"贴入"操作建立了一个图层蒙版，所以能在选区的区域中完成物料的填充而不会出格。最后合并所有的物料图层，完成物料的填充。

7. 色彩填充

在产品无需填物料的"选区"部分可以填入色彩，需建新图层并使用"Alt+delete"快捷键，填充前景色。重复以上两种步骤，完成所有区域的物料填充并合并所有的物料层和色彩层，最终完成物料图层（图6-26）。

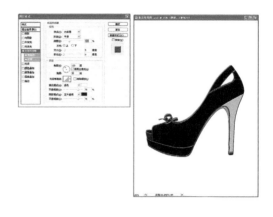

图 6-26　合并图层　　　　　　　　　　　　　图 6-27　图层效果

8. 物料图层的效果

点击图层菜单下的"混合选项"图标，选择"斜面与浮雕"选项，弹出"图层样式"对话框，调节"斜面与浮雕"相关数据，可以查看预览效果，主要调节"深度"数据，让图层有一定的立体效果，点击确定完成效果添加（图 6-27）。

9. 选区设置

在绘制阴影部分前，必须先使用【魔棒工具】在线稿图层上选择需要画阴影的部分，否则可能将周边的线稿遮盖住或画出线稿之外。区域的选择可根据阴影的分布来进行，能够整块选择绘制的阴影尽量一起选择区域绘制。

10. 阴影绘制

完成选区之后，使用【画笔工具】，调节适当的参数，使用黑色绘制阴影，一般使用较低的"不透明度"和"流量"来绘制，这样能使阴影更柔和。画完基本的阴影之后，使用【橡皮擦工具】，调节适当的参数之后，擦出反光部分，阴影太深的地方也能将"不透明度"和"流量"调低，慢慢进行擦减。

重复以上步骤，完成阴影的整体绘制，该图层使用"正片叠底"图层效果来使之与物料效果相吻合（图 6-28）。

图 6-28　画阴影

6-29　高光

图 6-30　物料替换

11. 高光部分的绘制

在高光图层绘制高光，绘制步骤与阴影绘制步骤一致。在选定选区使用【画笔工具】时，"不透明度"和"流量"一般调节为"100%"，色彩选择白色，先画出高光的大致所在区域，然后使用【涂抹工具】进行涂抹，将高光部分的形状画好，最后使用【橡皮擦工具】进行修饰（图6-29）。

（三）物料的替换

为了达到效果图的预览效果，有时候需要尝试不同的配色和物料，这个时候不需要重新绘制效果图，只需要重复填充物料的过程即可。合并完成新物料的图层，并添加立体效果，同时改名，以方便查找，查看时只要显示或者隐藏即可。

阴影和高光图层，一般不需要调整，但是碰到物料不同阴影效果可能需要调整，可用阴影图层的透明度来调整（图6-30）。

二、箱包类效果图

（一）手稿处理

（1）将手绘稿扫描入计算机，使用"Ctrl+L"调整色彩对比度，使之黑白对比强烈便于识别。

（2）存为 300dpi 精度的 jpg 格式文件待用。打开 AI 软件并新建 A4 大小"CMYK"的文档（图 6-31）。

图 6-31　置入线稿

（二）线稿绘制

（1）导入扫描好的手绘线稿图，调整到适当大小并嵌入图像。

（2）锁定线稿所在图层，新建勾绘图层，在新建勾绘图层中使用钢笔工具勾绘线稿，为了描绘方便可以使用不同的色彩来勾绘。

（3）最终完成线稿，线条色彩为黑色，线粗 1 pt，虚线设置 3pt：2pt（图 6-32）。

（三）效果制作

（1）打开 PS 软件，新建 A4 大小的 CMYK300dpi 文档，同鞋款绘制步骤（图 6-33）。

图 6-32　绘制线稿

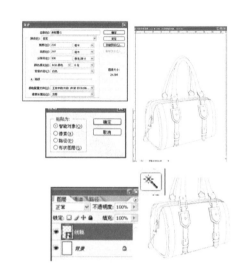

图 6-33　置入线稿

（2）采用前文中制作的"品牌文字图案皮革模压效果"的物料进行制作（图 6-34）。

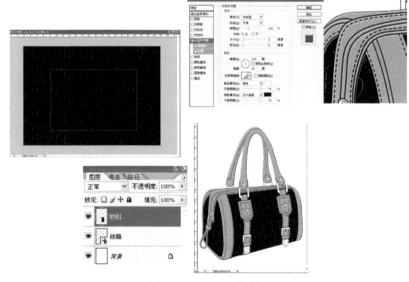

图 6-34　贴入物料

（3）金属尾饰效果需新建五金图层，填入金属色，浮雕效果选择金属效果（图 6–35）。

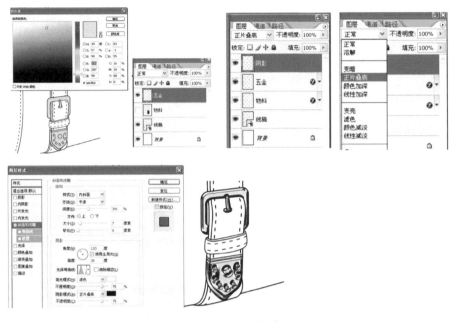

图 6-35　五金效果

（4）阴影和高光步骤同上一节内容，最终完成效果图（图 6–36）。

图 6-36　阴影高光

三、品牌标志饰品类效果图

在学会软件的基本操作之后，需要学习如何研究出最简便快速的方式来完成设计工作，同时学习制作品牌标志和字体是设计师的基本技能之一。品牌图形和字体常常是重要的产品设计元素，以下以夏奈尔标志为设计元素的挂件设计为案例来讲解（图6-37）。

（一）造型绘制

（1）打开 AI 软件，新建文件。点击文件，置入需要的标志图片（图6-38）。

图 6-37　标志效果图　　　　　　　图 6-38　置入线稿

（2）打开图层窗口，点击右下角的"新建图层"，之后画的图形都在图层2中制作。

（3）在解析了该标志的图形构成后，用【椭圆工具】并按住"shift"键画一个正圆，调整其大小和图片一致。

（4）选中这个圆，按"Ctrl+C"来复制并用"Crtl+V"粘贴，将小圆的大小调整成与图片内环一致。用"对齐工具"将其"水平居中对齐"和"垂直居中对齐"，制作成同心圆（图6-39）。

（5）点击窗口中的路径查找器，运用路径查找器中的"减去顶层"，将这两个圆变成一个环。

（6）在圆环上绘制一个不规则梯形，并用这个梯形"减去顶层"，形成一个"C"形（图6-40）。

图 6-39　制作同心圆　　　　　　　图 6-40　截取要的部分

（7）点击视图，显示标尺，将标尺的辅助线拉到双C中间，方便下一步做镜面翻转。

（8）运用【镜像工具】，按住 Alt 键，鼠标左键点击标尺线，出现镜像菜单。选择垂直并点击复制，图形被镜像复制成完整图形。

（9）用【直接选择工具】将图形选中，点击窗口中的路径查找器上的联集，将其合并成一个图形（图 6-41、图 6-42）。

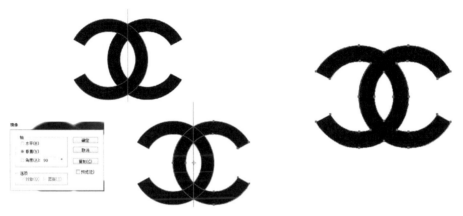

图 6-41 完成基本线稿 　　　　图 6-42 完成线稿（一）

图 6-43 完成线稿（二）

图 6-44 添加效果

（10）将标志图形改为线框，并添加附件部分，同时为其设置 1 : 1 数据。使用以上流程可以制作各类矢量图标志（图6-43）。

（二）效果制作

（1）打开 PS 软件，新建 A4 大小300dpi 文件。

（2）切换回到 AI 软件中，选中刚做的线稿，按"Ctrl+C"复制再切回到 PS，按"Ctrl+V"粘贴，并选择粘贴为智能对象，点击确定。

（3）使用【魔术棒】选中矢量智能对象，在其上一层新建图层为色彩层，并填充入金属色。

（4）在色彩图层添加"斜面和浮雕"效果，特别是"光泽等腰线"需要试用各种效果，最后选择最合适的设置（图6-44）。

（5）在线稿层用【魔术棒】选中中间的圆洞，建立选区；打开待用的珠宝图片，按Ctrl+C复制，回到首饰页面，使用"编辑"中"选择性粘贴"中"贴入"珠宝图形，完成珠宝效果（图6-45）。

（6）最后在其线稿层空白处做选区，在线稿层下层新建图层填入色彩，然后使用描边工具绘制4px宽度的黑色边框和15px宽度的浅灰色边框来突出效果，位置可以是居中或居外。

图6-45　描边

四、服饰品效果图案例赏析

（一）首饰效果图

首饰效果图赏析见图6-46~图6-48。

图6-46版面设计将构图和饰品设计融为一体，充分展示创意饰品的统一性和独特性。

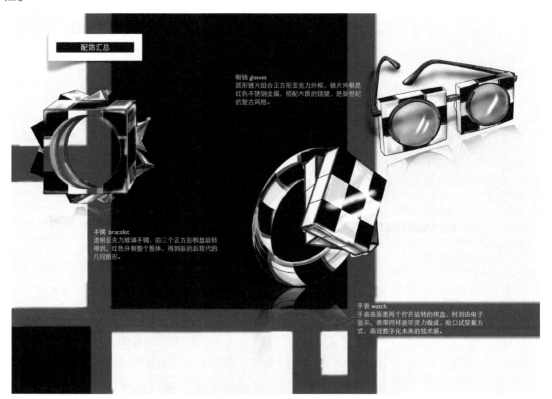

图6-46　几何概念首饰设计效果表现（牟浩烨）

图 6-47 中这组设计以店铺橱窗陈列的方式来展示设计，利用软件表现产品之间的系列感。

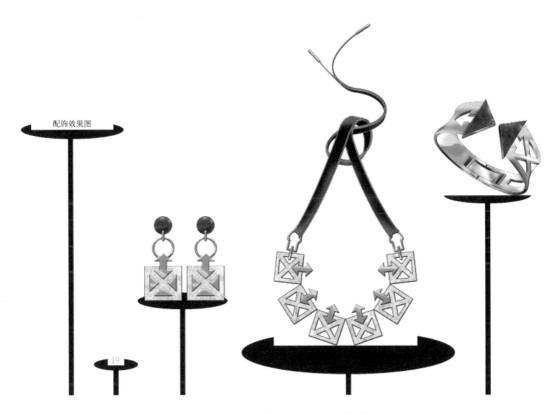

图 6-47 综合材质饰品表现（薛剑玲）

图 6-48 中的饰品设计重点在于金属、木材、矿石等不同材质的组合，以孔明锁的立体组合方式结合软件技术来表现材质的对比。

其他配饰效果图 Effect Diagram · ACC

—— Series One

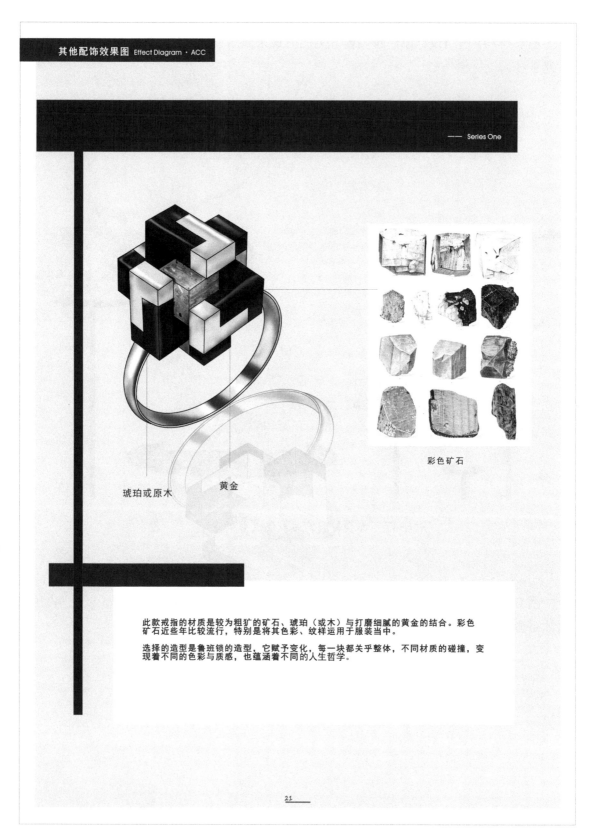

彩色矿石

琥珀或原木　　黄金

此款戒指的材质是较为粗犷的矿石、琥珀（或木）与打磨细腻的黄金的结合。彩色矿石近些年比较流行，特别是将其色彩、纹样运用于服装当中。

选择的造型是鲁班锁的造型，它赋予变化，每一块都关乎整体，不同材质的碰撞，变现着不同的色彩与质感，也蕴涵着不同的人生哲学。

图 6-48　金属、木材、矿石材质表现（阎朔）

（二）鞋靴案例效果图

图 6-49 中的系列设计灵感来自现代建筑的金属构架，采用软件技术充分表现其金属、软木和亚光蛇皮材质感。

图 6-49   系列鞋款设计（金怡秀）

图 6-50 中的系列以运动鞋包为构思来源，通过银色和荧光色材质的绘制来传达其科技概念。

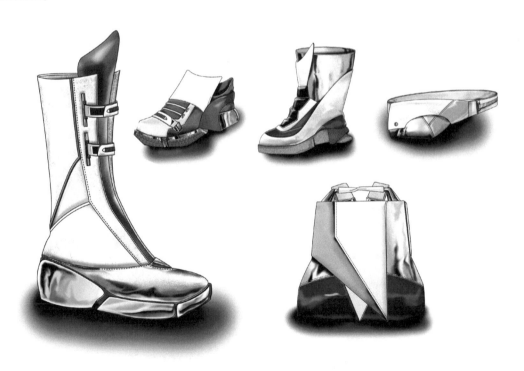

图 6-50   科技运动鞋包系列（刘天圆）

图 6-51 中的系列将中国传统的山水绘画形态与运动科技鞋底工艺和材质结合，利用计算机软件技术模拟实际视觉效果。

图 6-51　山水造型运动鞋设计（钟言）

（三）服饰品案例效果图

图 6-52 鞋包系列设计体现了几何组合构思，软件技术以表达漆皮材质效果为目的。

图 6-52　漆皮材质鞋包系列（林璐）

　　以中国传统文化中的五毒概念作为设计灵感，利用计算机技术绘制分割、凹凸以及雕刻等工艺技术效果，排版简洁利落，产品效果写实（图6-53）。

图 6-53　"五毒"主题服饰品设计（胡闰臣）

　　以老房子的细节肌理和配件作为设计来源，使用创意面料贴图和五金效果制作来凸显主题，材质表现真实，结构完整，达到设计表现的目的（图6-54）。

　　图6-55系列版面内容完整，包括灵感来源图片、设计说明、设计主题、面料创意以及服饰品系列设计。设计构思巧妙，细节表现清晰，材质表达逼真，真实传达了设计者的意图。

　　雪花造型是图6-56系列的主要设计细节，设计师利用四分式排版来虚拟分割灵感来源、面料创意、鞋款设计和皮具饰品设计四个版面。部分细节突破界限，产品绘制精美。

图 6-54 "老房子" 服饰品系列设计 (金一柯)

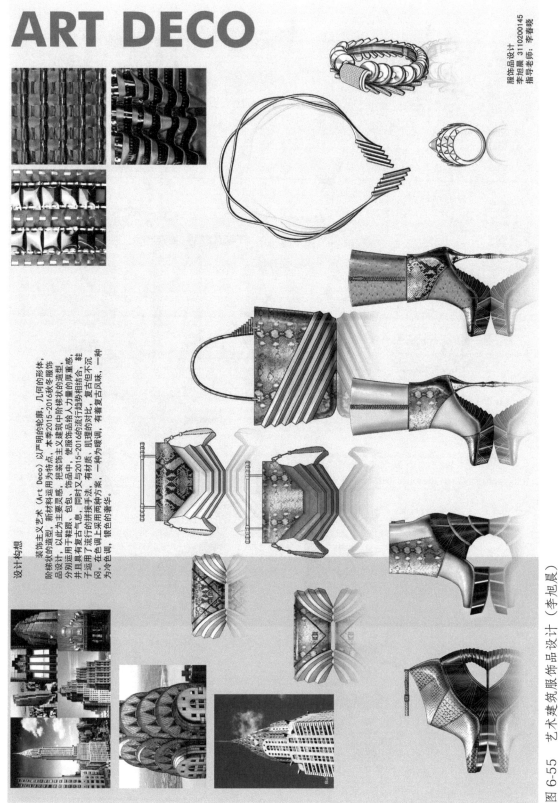

ART DECO

服饰品设计
李旭晨 3110200145
指导老师：李春晓

设计构想

装饰主义艺术（Art Deco）以严明的轮廓、几何的形体、阶梯状的造型、新材料运用为特点，本季2015~2016秋冬服饰品设计，以此为主要灵感，把装饰主义建筑中阶梯状的造型，分别运用于鞋眼、包包，饰品给人力量的厚重感，使服饰品给人力量的厚重感，并且具有复古气息，同时又与2015~2016的流行趋势相结合，鞋子运用了流行的拼接手法，有材质、肌理的对比，复古但不沉闷。在色调上采用两种方案，一种为暖调，有着复古风味，一种为冷色调，银色的奢华。

图 6-55　艺术建筑服饰品设计（李旭晨）

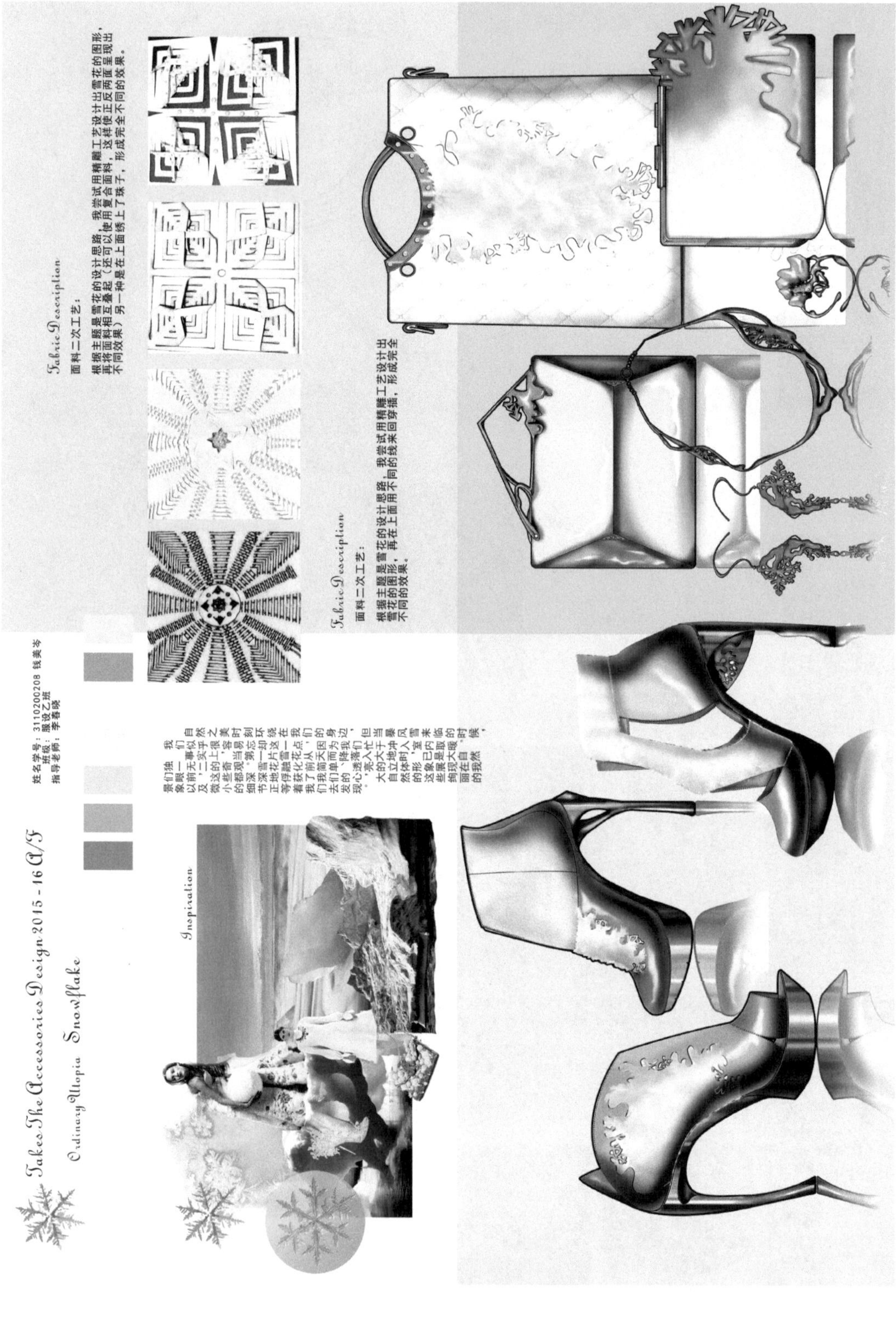

图 6-56 "雪花" 主题非食品设计（钱美岑）

图 6-57 系列采用平面绘制手法表现贝壳图案式的纹理，设计师选择最合适的表现手法来呈现设计十分关键。

shell 贝壳

大自然已经为设计师提供了现成的答案，贝壳子是灵感的形象。贝壳子是有着设计师感兴趣的元素的样品样，你发设计所需要的设计灵感点。设计的这些，是 则 饰品都具有海洋主题且充分结合现代主题点，从空间的表现安层次选取含有的纤维一个从海滩上的长带的海螺。这系列配饰带与纹样，是以及现代艺术元素恰如分的融合为一体。

Nature has provided a ready answer for designers, bionics is the look for inspiration, the design has the bionic design movie attraction, this series of jewelry design from sea shells. look like a them for pick up conch from the spatial visual hierarchy. This series of accessories to marine elements, process saved Leather and contemporary aesthetics ingeniously combined together.

图 6-57 "贝壳" 主题服饰品设计（吴峰）

图 6-58 是甲骨文主题服饰品设计，从面料肌理、纹样到造型都充分运用了这个中国元素。

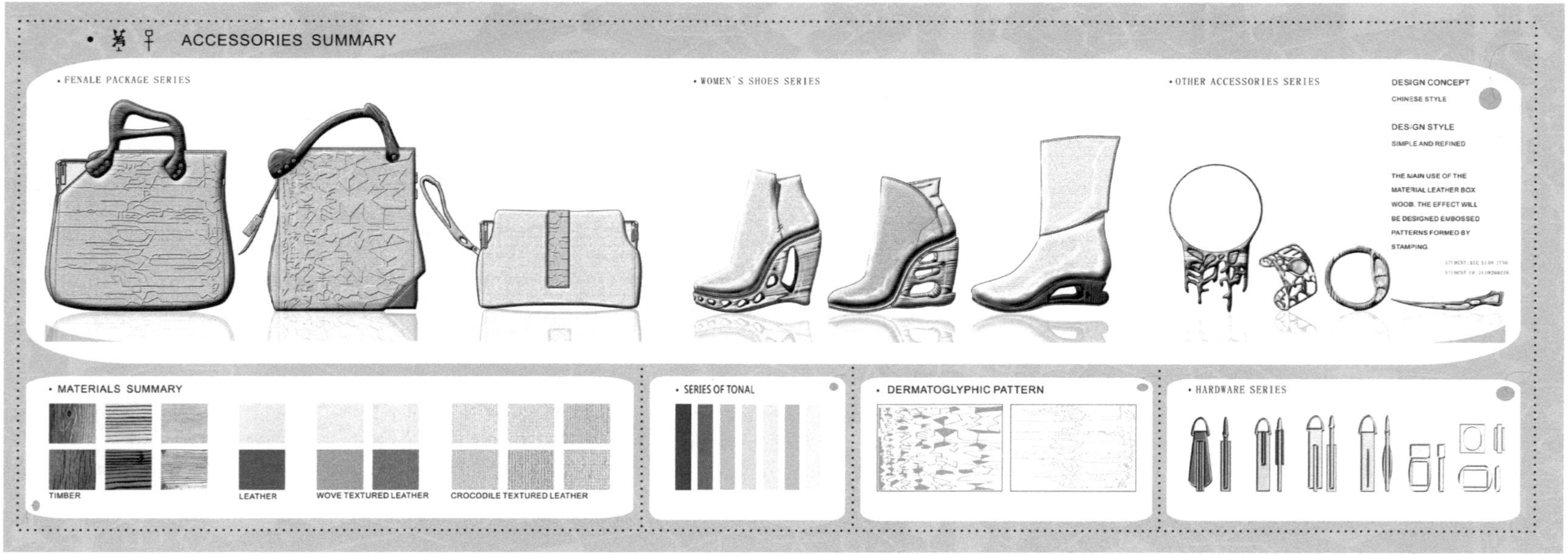

图 6-58 "甲骨文"主题服饰品设计（谢小净）

第三节
时尚造型效果图绘制

模特的服装着装效果可以通过虚拟服装和服饰品穿着在人体身上展现效果，配合模特发型和妆容共同塑造时尚造型。

一、组合绘制法

（一）绘制人体模型

为了确保正确的人体比例和整体造型，首先绘制不着装的人体模型。用带有色彩的线条画出人体的基本动态，以便与接下来要绘制的效果图线条区分开（图6-59）。

如果直接起线稿感到无从下手，可以使用参考图片进行描摹。需要注意的是，对图片的描摹应适当拉长人体比例，如果是女性，则人体应当修长、圆润，如果是男性，轮廓线则应当硬朗（图6-60）。

（二）绘制服装

在红色人体模型线条的辅助下，为人体绘制大体的服装结构，包括基本的褶皱线以及五官（图6-61）。

图6-59　人模线稿　　　　图6-60　人体描摹　　　　图6-61　绘制服装

绘制服装时，建议把服装线条画在新建的图层上，而把之前绘制的人体曲线所在图层锁定，以免相互干扰。实际上，我们在后面的绘制过程中，如眼镜、腰带以及其他部件都应该分离在不同的图层里，以便于今后的修改和选择，这也体现了计算机绘图的优势（图6-62）。

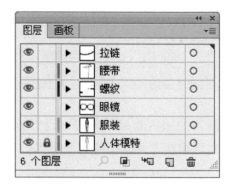

图 6-62　图层设置

（三）完善细节

（1）人物裤子部分的螺纹，可以使用钢笔直接绘制，也可以借助【混合工具】简化工作内容。首先绘制出开始和结束部分的曲线，然后双击【混合工具】，在"混合选项"对话框中设定间距类型为"指定步数"，并设置对应数值，点击确定（图6-63）。

图 6-63　混合工具

（2）使用鼠标左键依次单击这两条曲线的起始点或结束点，完成平行曲线的制作（图6-64）。

（3）选择混合物体，选择"对象"中的"扩展"命令，将混合物体转变为曲线，并使用【直接选择工具】，调整各曲线的节点，改变曲线的外形（图6-65）。

图 6-64　完成平行曲线

（四）绘制拉链

拉链可以使用"自定义图案画笔"的方法完成。使用钢笔工具或通过修改几何图形路径的方法绘制拉链的基本形状。

（1）注意设置图形的描边为黑色，这决定了接下来定义的画笔也会采用黑色。在AI的"颜色"面板中设置C、M、Y、K四色数值为100，或R、G、B三色数值为0，可以保证将来粘贴到Photoshop中时线条为最深的黑色。

图 6-65　调整节点

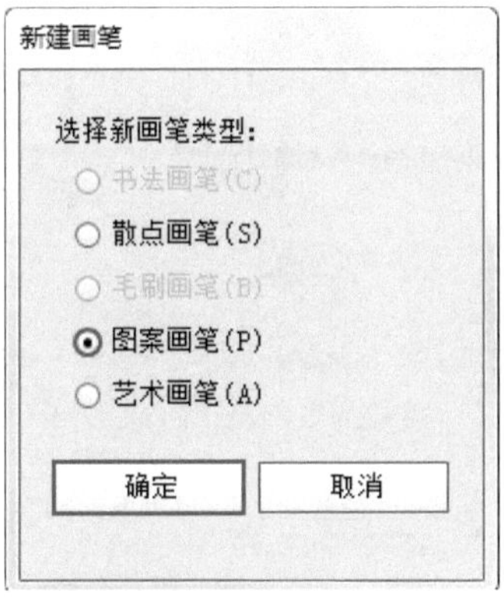

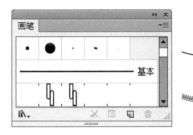

图 6-66　新建画笔

图 6-67　拉链绘制

图 6-68　完善线稿

（2）将绘制好的基本形状拖入"画笔"面板，并在弹出的"新建画笔"对话框里选择"图案画笔"，点击"确定"。【艺术画笔选项】对话框中的参数保持默认不变，点"确定"完成自定义画笔（图 6-66）。

（3）自定义完成的图案画笔会显示在"画笔"面板中。按照服装动向，绘制一条曲线，然后选择曲线并应用画笔，完成拉链绘制图（图 6-67）。

（4）进一步完善线稿绘制的细节。细致描绘出人物的头部以及褶皱、配饰等细节。注意要分层，绘制完成后把"人体模特"图层关闭，以观看效果（图 6-68）。

（五）将线条艺术化

在 AI 中，直接使用【钢笔工具】绘制的线条粗细平均，看以来比较生硬。如果想要模仿绘画的效果，可以借用自定义画笔的功能来实现。

（1）在画板空白处使用【钢笔工具】绘制出基本画笔形状，这些图形可以一端圆滑、一端尖锐，或者两端尖锐，中间鼓起。设置这些图形的填色为黑色，接下来要定义的画笔也会采用相同的颜色。在 Illustrator 中设置 C、M、Y、K 四色数值为 100，或 R、G、B 三色数值为 0，可以保证将来粘贴到 Photoshop 中时线条为最深的黑色。

（2）将画好的形状，依次拖入"画笔"面板，并在弹出的"新建画笔"对话框里选择"艺术画笔"，并点"确定"。"艺术画笔选项"对话框中的参数保持默认不变，点"确定"完成自定义画笔。

（3）自定义完成的画笔会显示在"画

笔"面板中。可以根据个人喜好，绘制不同长度和粗细的笔尖形状定义更多的艺术画笔，以应对各种情况（图6-69）。

（4）选中所有的人体模型曲线，在"画笔"面板中，通过点击选择的方式，应用不同的画笔。应用过画笔的曲线相比较之前的线条而言，显得更加流畅、自然（图6-70）。

（5）对于形状两端不同的画笔，如果需要改变画笔的方向，可以在"画笔"面板中找到当前曲线所应用的画笔，双击。然后在"艺术画笔选项"对话框中的"选项"一栏中，选择横向翻转。

（6）通过设置"描边"面板的粗细值，进一步调整线条细节。阴影、褶皱或表现厚度部分的线条可以适当粗一些。描边的粗细数值根据自定义画笔时所画的基本形的大小而定。一般建议一开始绘制的自定义画笔形状不要过大（图6-71）。

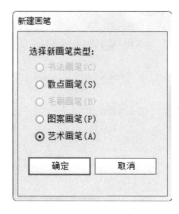

图6-69　自定义画笔

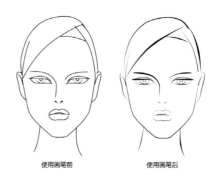

使用画笔前　　　　　使用画笔后

图6-70　应用画笔前后效果对比

图6-71　线条运用

（六）线稿着色

1. 导入线稿

（1）打开PS，新建图像，尺寸为A4，分辨率设置为600dpi。注意新建图像尺寸不宜太小，幅面或分辨率过小的图像由于像素点数量少，而不能很好地表现细节。而色彩模式可以选择RGB，因为RGB可以有更多的色彩供我们选择和使用。

（2）在AI中使用"Ctrl+C"复制除眼镜、腰带等部件以外的所有曲线，并在PS的新建文件中按"Ctrl+V"进行粘贴。在弹出的"粘贴"对话框中，选择"智能对象"，点击"确定"。按住"Shift"键，拖动智能对象的任意边角点等比缩放，直到合适，按回车键完成粘贴（图 6-72）。

（3）双击线稿所在图层的名称，为图层重命名。接下来的绘制过程应当分图层完成，效果图线稿、底色、阴影、高光以及面料、背景都应该放置在不同的图层上。也可以根据服装的不同部位绘制在多个图层上，但需要对图层进行管理。比如，可以按照服装的部位建立图层组，然后把相关的图层拖入到组里面。这是计算机绘制时装画需要具备的好习惯，对将来替换面料、改变色彩非常重要（图 6-73）。

2. 绘制底色

根据人物衣着的不同部位新建图层组，并在相应的组里新建图层，绘制各部分的底色。使用【磁性套索】或【魔术棒】根据线稿制作选区，然后使用油漆桶填充大致的色彩。

人物面部及头发可以使用【画笔工具】，选择"柔边圆压力不透明度"画笔，降低硬度值，并设置透明度在 50% 左右，然后用笔刷绘制大体的色彩，注意发型和脸部的立体感（图 6-74）。

图 6-72　置入线稿

图 6-73　图层管理

图 6-74　画笔设置

3. 头部刻画

（1）头发

选择"压力不透明度"画笔，深色前景色、透明度 50% 左右，发髻方向绘制基本的底色。选择"圆钝形中等硬"画笔，70% 透明度，使用黑色和亮灰色分两次进行刻画，分别刻画头发的暗部和亮部，以营造出发丝的感觉。

如果想为头发添加色彩，可以在"头发"图层组再建一个图层，并使用硬度值 30%~50% 的画笔描绘一个色彩层，并更改该层的混合模式为 "亮光"。也可以根据整体效果的需要尝试不同的混合模式，以得到不同的色彩效果（图 6-75）。

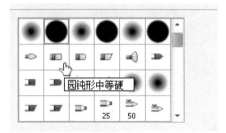

图 6-75　头发效果

（2）五官

人物的眼睛和嘴巴需要重点描绘。方法与头发的绘制方法大致相同。注意眼白部分的色彩应该与肤色区分开，可以在"眼睛"图层组和"嘴巴"图层组里各建一个高光层，使用不透明度 100 % 的"硬边圆压力不透明度"画笔，为眼睛和嘴巴添加高光（图6-76）。

图 6-76　五官修饰

4. 绘制阴影层

阴影层用来表现服装的明暗关系，刻画褶皱部分的暗部区域有两种方法来绘制。

（1）为各部位图层组添加新图层，并命名为阴影。分别使用不透明度减半的"柔边圆压力不透明度"画笔来绘制。

（2）复制各部位图层组的底色层，使用"图像"→"调整"→"去色"的命令将复制过的底色层变成单纯的灰度图像，然后使用【加深工具】，仍然选择透明度50%的"柔边圆压力不透明度"画笔来绘制（图6-77）。

图 6-77　阴影绘制　　　　　　　　图 6-78　螺纹效果

5. 添加螺纹

在 AI 中复制螺纹的曲线，然后在 PS 中新建图层并粘贴进来。双击螺纹所在图层，为螺纹曲线添加图层样式，设置为外发光。设置发光色彩为黑色，不透明度 25%，以此营造出螺纹的立体效果（图 6-78）。

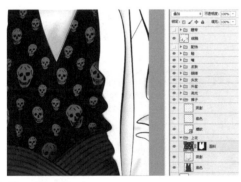

图 6-79　添加面料

6. 添加面料和材质

（1）裁切印花素材中需要的图案部分，使用"图像"→"调整"→"反相"命令将图案设为黑色底。

（2）将准备好的面料图案拖入上衣图层组，并命名该图层为"面料"。按住"Ctrl"键，单击底色层的图层缩略图，建立轮廓选区。选择面料层并为其添加图层蒙版，设置面料层的混合模式为"叠加"。

（3）使用硬度值 10%~20% 的黑色画笔，在面料层的蒙版上涂绘，以适度去除阴影和高光部分的面料图案，强化人物的立体感（图 6-79）。

（4）使用相同的方法为其他部分添加皮革材质。

7. 配饰的绘制

（1）同样，首先为腰带添加底色。双击底色层，为该层添加图层样式，选择【斜面和浮雕】效果，为腰带添加立体效果。

（2）腰带扣可以单独粘贴进来，并为其填充底色。打开样式面板，点击右上角菜单，选择 web 样式并追加进面板。选择腰带扣所在图层，应用"光面铬黄"样式，可以为其添加简单的金属效果（图 6-80）。

（3）使用同样的方法还可以制作出颈部的配饰。样式面板的预设样式不一定完全符合要求，但可以找到相近的效果，然后通过修改样式具体参数的方法以获取理想效果（图6-81）。

（4）在 AI 中复制拉链曲线，然后在 PS 中粘贴进来并为图层命名。双击拉链所在图层，为其添加图层样式，选择"渐变叠加"，使拉链显示为黄铜色。然后为拉链建立图层蒙版，遮盖掉与衣服重叠的部位（图6-82）。

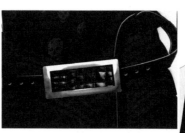

图 6-80　腰带效果

图 6-81　项圈效果

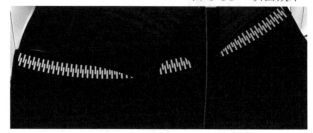

图 6-82　拉链效果

（5）在 AI 中复制墨镜曲线，然后在 PS 中粘贴进来并为图层命名。为墨镜所在图层填充镜架色彩，并新建图层以 70% 不透明度填充镜片色彩。最后使用减淡工具提亮局部（图 6-83）。

8. 添加高光层

为各部位图层组添加新层，并命名为高光。分别使用不透明度减半的白色"柔边圆压力不透明度"画笔来绘制。对于皮革材质，可以在高光画好之后使用【涂抹工具】进行调整，以产生更好的材质效果图（6-84）。

图 6-83　眼镜效果

涂抹前　　　涂抹后

图 6-84　鞋子效果

9. 整体修饰

对整体画面做进一步修饰，充实细节，最后完成（图 6-85）。

图 6-85　完整效果图

二、矢量图绘制法

（一）绘制人体模型

首先绘制不着装的人体模型，由于人模是正面的直立动态，因此人体两边是对称的。我们就可以首先绘制左边（或右边）一侧的人体曲线，然后使用【镜像工具】复制出另一侧的曲线，并根据事先画好的参考线调整好位置（图6-86）。

分别新建图层绘制头发和五官，一步步丰富人物模型的细节。头发的绘制应当按照发丝的走向和结构进行分组，这样画出的头发才会呈现出层次感（图6-87）。

需要注意的是，头发及五官的线条应当存储在不同的图层中，以便将来进行修改或移除。

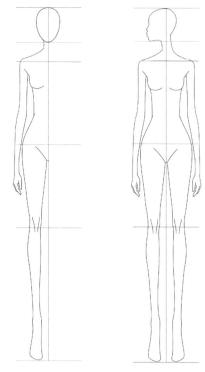

图 6-86　人模线稿

（二）为人体模型填色

由于人体模型曲线是由若干条并无关联的线条组合而成，而在 AI 中还没有可以填充肤色的闭合路径，因此，首先需要制作模特的外形轮廓。

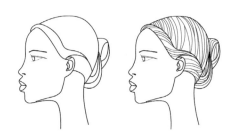

图 6-87　头发绘制

（1）全部选择并复制已经绘制好的人体模型曲线，并在图层面板把"人体模型层""头发层"和"五官层"关闭。通过"编辑"→"贴在前面"（快捷键"Ctrl+F"）将曲线粘贴到一个新建的图层上，该图层命名为"肤色"。

在人体模型的外围画一个矩形，以便把人体模型的所有曲线全部囊括，接着按 Shift 键依次选中矩形和人体模型曲线。

（2）使用【实时上色工具】，将工具面板上面的填色设定为"黑色"，描边设定为"无"。在人体模型与矩形框的空位置用鼠标单击填充黑色（图6-88）。

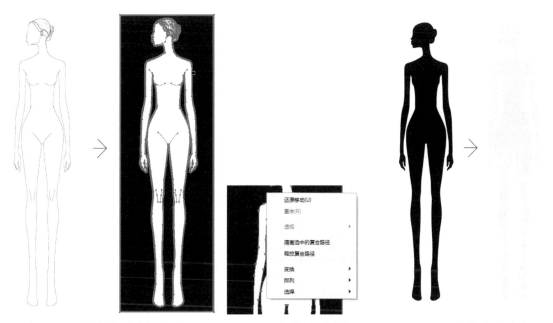

图6-88　人体模型填色（一）　　图6-89　人体模型填色（二）　图6-90　人体模型填色（三）

（3）选择实时上色后的矢量对象，执行"对象"→"扩展"命名，然后使用直接选择工具，单击黑色图形部分并剪切，或使用快捷键"Ctrl+X"备用。

（4）删除"肤色"层上面的所有人体模型曲线，并执行"编辑"→"贴在前面"（或快捷键"Ctrl+F"命令），将上一步骤复制的黑色外形粘贴进画面。单击鼠标右键，执行"释放闭合路径"（图6-89）。

（5）删除黑色矩形，即得到人体模型的完整闭合路径。使用"色板"或"颜色"面板为其重新定义肤色。将肤色层移至人模曲线及头发所在图层的下方（图6-90）。

（三）绘制服装

（1）新建图层并命名为"服装曲线"，使用【钢笔工具】在人体模型的参照下，为人体模型着装。此步骤根据服装的实际情况亦可以首先画左（或右）半边，然后使用镜像工具复制另外一半（图6-91）。

图6-91　服装绘制

（2）为服装填充颜色。如上文所述，由诸多曲线构成的服装形状并不能直接填色，这一步骤仍然使用"实时上色"的方法制作服装的底色（图6-92）。选择并复制已经绘制好的服装曲线。然后新建"服装色彩"图层，Ctrl+F粘贴（此步骤中不同部分的服装可以分开操作）。

（3）关闭"服装曲线"图层，并锁定"人体模型层""肤色层"等多余图层，利用"实时上色"工具制作出各部分服装的闭合路径。

首先在服装曲线的外围绘制矩形框。全部选中矩形和服装曲线，使用"实时上色"工具，在矩形与服装曲线之间的空区域单击填充

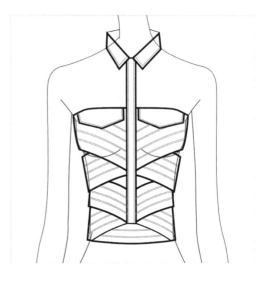

图 6-92　服装填色（一）

黑色（图6-93）。选择扩展"实时上色"后的物体，并使用直接选择工具单击选择并剪切黑色色块。将服装曲线删除，然后执行 Ctrl+F 将黑色色块重新粘贴回画面。右键菜单选择"释放复合路径"（图6-94）。

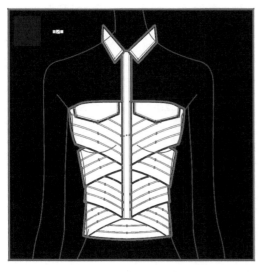

图 6-93　服装填色（二）

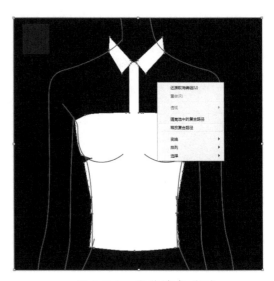

图 6-94　服装填色（三）

（4）重新贴回的色块有可能是一个编组物体。因此如果右键菜单没有"释放复合路径"的选项，则需要首先执行"取消编组"（图6-95）。删除释放后的黑色矩形，即得到服装的闭合路径。

（5）按照同样的方法制作裙子部分的闭合路径（图6-96）。

图 6-95　服装填色

 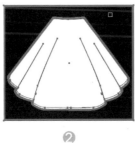  

❶　　　　　❷　　　　　❸　　　　　❹

图 6-96　裙子填色

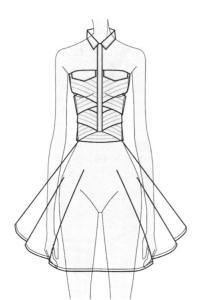 

图 6-97　调节相应透明度

（6）分别指定相应部分服装的色彩及不透明度。"服装色彩"图层移动至"服装曲线"图层的下方（图6-97）。

（7）服装领子被脖子遮盖的部分形状简单，可以直接使用钢笔路径绘制出来并填色，人物五官的色彩同样可以这样操作。

（四）制作衣扣

（1）新建"纽扣"图层。选择[椭圆工具]，按住"Shift"键画一个正圆，并为圆形设置一个较粗的描边（图6-98）。

（2）选择圆形，执行"对象"→"扩展"命名，将圆形的黑色描边扩展为一个环形面（图6-99）。

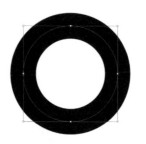

图6-98　纽扣基本型　　图6-99　扩展描边

（3）为环形面设置金属渐变色，并调整好角度（图6-100）。

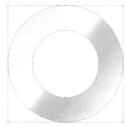

图6-100　设置金属效果

（4）另外再分别绘制一个黑色底色和金属色调的圆形（图6-101）。

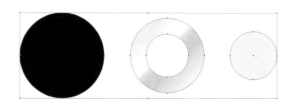

图6-101　绘制其他部件

（5）选中所有图形，使用对齐工具分别作水平、垂直对齐，完成一个简单的金属扣制作（图6-102）。

图6-102　做对齐

（五）制作腰带

（1）新建"腰带"图层，使用钢笔绘制腰带的轮廓曲线。此步骤仍然可以借用几何工具，参考纽扣的制作方法，即扩展曲线（图6-103）。下面以腰带扣为例来讲解。

图6-103　腰带廓形

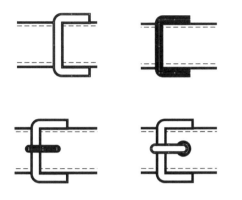

图 6-104　皮带扣绘制

图 6-105　实时描摹

图 6-106　标志填色

（2）首先使用 [圆角矩形工具]，画一个圆角矩形，并设置较粗的描边。使用直接选择工具选中右侧的两个节点并按"Del"键删除。

（3）选择"对象"菜单中的"扩展"，将该图形扩展为 C 形面。将 C 形面设置黑色描边、白色填色，完成扣头的绘制。

（4）使用直线段工具绘制一条水平短线，设置描边加粗，并在描边面板中设置其为圆头端点。

（5）将短线扩展，并重新设置描边和填色，完成扣针的绘制。最后在扣针的右侧绘制一个正圆作为扣眼（图6-104）。

（6）为腰带扣添加品牌徽标。在AI 中导入图案。选中图案，执行【对象】菜单 >【图像描摹】>【建立】，即得到一个描摹物体。打开控制面板中的图像描摹面板，选择自动着色模式，调整"阈值"、路径、边角等参数，以确保描摹精度。选择实时描摹物体，单击控制面板上的扩展按钮，将位图图案转换为矢量图形（图 6-105）。

（7）选择标志图形，执行右键菜单的"取消编组"。使用编组选择工具删除多余图形，利用形状查找器将该标志图形扩展为一个完整的复合物体。

（8）执行"Ctrl+F"，将提炼后的标志图形贴回原处。使用【编组选择工具】选择标志图形的外轮廓，按下"Ctrl+X"剪切，接着按下"Ctrl+B"贴在标志图形的后面，最后为外轮廓图形设置渐变金属色和黑色描边（图6-106）。

（9）将所有绘制的部件组合，并为金属部件设置颜色，完成腰带的绘制（图 6-107）。

（10）将绘制完成的金属扣和腰带组合到人体模型上（图 6-108）。

图 6-107　部件组合

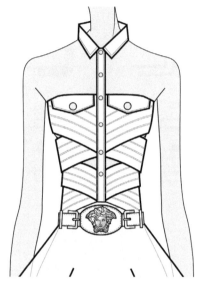

图 6-108　拖至相应位置

（六）绘制鞋子

使用【钢笔工具】绘制鞋子。此步骤可以使用镜像的方法，以加快绘图速度。由于结构较简单，鞋子的部件可以以闭合路径的方式绘制，以便于填色（图 6-109）。

（七）线条艺术化

总体地调整一下曲线的描边粗细，并使用"艺术画笔"将线条艺术化，以增加人物的绘画效果。

（1）使用钢笔路径创建画笔图形（图 6-110）。

以上图形也可以使用几何形状工具，然后对几何形进行修改（图 6-111）。

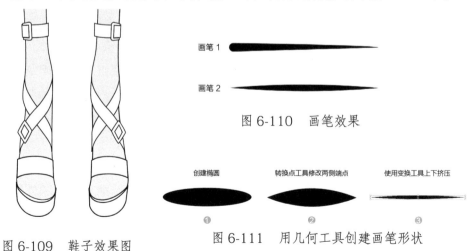

画笔 1

画笔 2

图 6-110　画笔效果

创建椭圆　　　转换点工具修改两侧端点　　　使用变换工具上下挤压

❶　　　　　　　❷　　　　　　　❸

图 6-109　鞋子效果图

图 6-111　用几何工具创建画笔形状

（2）将定义好的画笔拖入画笔面板，定义为艺术画笔（图6-112）。

（3）将定义好的画笔按照实际需要应用在已经画好的人物曲线上。注意线条应当适时根据人物的不同部位调整粗细值（图6-113）。

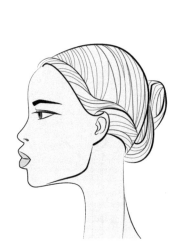

图6-112　线条运用（头部）

图6-113　线条运用（服装）

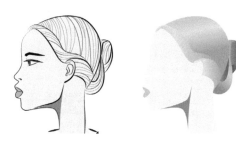

图6-114　头发填色

（八）添加阴影

（1）头发的发色和阴影可以简单地用渐变色来表示。在"服装曲线"和"肤色"层之间新建"头发"层。使用"实时上色"的方法制作头发各部位的闭合路径，并填充渐变色，使头发看起来更有层次感（图6-114）。

（2）为人体模型其他部位添加阴影。新建"阴影"层，使用钢笔路径在需要添加阴影的位置绘制简单的阴影，并填充黑色，设置不透明度为15%（图6-115）。

图6-115　阴影层

（3）添加高光。以人体模型腿上的高光为例，首先在"肤色"层的上方新建"高光"层。用【钢笔工具】在膝盖和小腿的中间各绘制一块与肤色相同的色块（图6-116）。

（4）选择【网格工具】，在色块的中间单击创建控制点。使用【直接选择工具】选择控制点，然后在颜色面板设置控制点颜色为白色或较肤色亮的浅色。

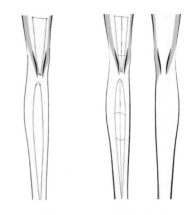

图 6-116　高光（一）

（5）其他部位的高光制作方法与腿部高光的绘制方法相同（图6-117）。

图 6-117　高光（二）

（6）最终完成的设计文件图层应按照绘制内容分类（图6-118）。

图 6-118　完成效果及图层示意